뇌는 왜
다른 곳이 아닌
머릿속에
있을까

뇌는 왜
다른 곳이 아닌
머릿속에
있을까

뇌과학자에게 묻고 싶은

오만 가지 궁금증

마이크 트랜터 지음 정지인 옮김

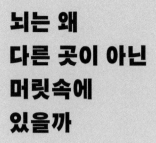

A Million Things
To Ask
A Neuroscientist

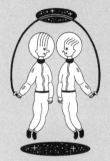

아몬드

일러두기

1. 본문 각주 중 ★는 원주이고 ●는 옮긴이의 것이다.

2. 본문 중 굵은 글씨는 원서에서 이탤릭체로 강조한 부분이다.

들어가며

내부자가 말하는 뇌과학의 무궁무진한 세계

그렇다. 여러분도 눈치챘겠지만 내가 허풍을 좀 쳤다. 이 책에 정말 오만 가지 질문이 담긴 건 아니다. 하지만 오만 가지 질문을 할 **가능성**은 분명히 존재한다. 이건 내가 과학을 정말 좋아하는 이유이기도 하다. 언제나 뭔가 새로운 질문거리가 있다는 점 말이다. 비록 예전부터 제기되던 똑같은 문제에 재도전할 때조차 우리에게는 늘 새로운 뭔가를 발견할 기회가 있다. 발견되기를 기다리는 무언가가 존재한다는 이유 하나만으로 답을 찾아 나서게 만드는 뜨거운 불꽃, 바로 그 흥분과 호기심 덕분에 위대한 과학자가 탄생한다. 이 책을 집어 들고 뇌에 관해 뭔가를 배우겠다고 나선 것만으로도 여러분은 이미 그런 호기심을 지니고 있음을 보여준 것이다. 그 기쁨의 불꽃, 이상하고 신기한 것을 향한 흥분, 답을 알고 싶은 호기심을 느끼기 위해 꼭 나처럼 실험실에 틀어박혀 사는 외골수

과학자가 될 필요는 없다. 그런 마음은 인간이라면 누구나 지닌 것이니 이 책에서 우리 함께 마음껏 펼쳐보자.

나는 인생의 대부분을 실험실에서 뇌의 작동 방식을 연구하며 보냈다. 이 일에서 나는 크나큰 기쁨을 느꼈지만, 뇌 내부에 담긴 삶에 관해, 뇌가 하는 일에 관해 사람들과 이야기를 나누는 일은 나에게 더 큰 기쁨을 안겨주었다. 이 책은 내가 쓴 첫 책이다. 나는 책을 쓰는 일이 정말로 즐거웠다. 과학에 호기심을 느끼는 전 세계 사람들과 대화를 나누는 일이 내게는 진심으로 신나고 경이로웠으며, 앞으로 이어질 이야기들을 통해 여러분에게도 그 흥분과 경이가 전해지기를 바란다.

처음에 책을 쓰기로 마음먹었을 때, 나는 사람들의 경이감에 제대로 불꽃을 당길 수 있는 개념들을 찾아내 길잡이로 삼고 싶었다. 그래서 전 세계 사람들에게 뇌에 관해 가장 흥미롭다고 여기는 질문, 늘 알고 싶었지만 답을 알아볼 기회가 없었던 질문을 보내달라고 요청했다. 이에 사람들이 보여준 엄청난 응원과 관심에 나는 무척 놀랐을 뿐 아니라 겸허해졌다. 그들의 응답은 내가 가장 높게 잡은 기대치를 훌쩍 넘어서며, 과학을 전혀 다른 관점에서 바라보게 해주었다. 사람들이 뇌에 관해 어디에서 흥미를 느끼는지, 뇌과학에 그들이 보이는 관심의 실체가 무엇인지 알게 된 일은 이 책을 쓰는 내내 영감의 원천이 되었다.

나는 영국 사람, 그중에서도 잉글랜드 사람이므로 소셜미디어에서 '잉글랜드 과학자The English Scientist'라는 별명을 쓰고 있는데, 그리 독창적인 이름이 아니라는 건 나도 잘 안다. 그러니 그에 맞추어 나는 영국식 철자를 쓸 것이다. 어느 정도는 영국인의 자부심 때문이기도 하지만, 그보다는 이 책의 초고를 읽어줄 나의 미국인 친구들과 동료들에게 재미를 안겨주고 싶은 마음이 더 크다.

책에 담기 적합한 질문을 추리는 과정은 상당히 어려웠다. 어떤 질문은 독립적인 항목으로 다루었고 어떤 질문은 그냥 본문 중에 끼워 넣었는데, 이 방법 덕에 사람들의 다양한 요구에 맞출 수 있었다. 또한 사람들이 보여준 반응과 열정이 너무 컸기에 뇌과학의 몇몇 다른 분야를 내부자의 시선으로, 그러니까 실제로 연구를 수행하는 과학자의 관점, 연구실 밖의 사람들은 대부분 별로 볼 기회가 없는 관점에서 보도록 하는 장도 몇 개 추가했다. 뿐만 아니라 뇌과학자들이 어떻게 뇌에 관한 현재의 지식을 활용해 SF 소설에 나올 법한 새로운 미래 세계를 창조하고 있는지도 살펴봤다. 뚜껑을 열고 뇌 내부에서 일어나는 일들을 들여다보고, 뇌가 원래 작동해야 하는 방식대로 작동하지 않으면 어떤 일이 벌어지는지도 알아봤다. 덧붙여 과학이 우리 삶의 수많은 양상 속에 어떻게 스며들어 있는지도 탐색해봤다.

조디 버나드(결혼 전 성은 파슬로)가 쓴 마지막 장은 과학, 기술, 공학, 수학STEM(science, technology, engineering, mathematics)을 배우고 연구하는 여성들에게 바치는 장이다. 나의 여성 친구들과 동료들이 연구뿐 아니라 삶의 다른 모든 부문에서 과학자로서 경력을 닦아갈 때 직면하는 어려움을 직접 목격했기 때문에 이 장을 추가하는 것은 매우 중요한 일이었다. 조디가 이 보너스 챕터를 써준 것이 나는 너무나도 자랑스럽고 또 행운이라 여긴다. 조디는 오늘날 STEM 분야에서 일하는 전도유망한 여성으로서 탁월한 과학자가 되는 방법에 관한 자신의 생각을 들려준다. 부디 조디의 글이 여러분에게 자신의 한계를 더욱 밀고 나가고 배움을 결코 멈추지 않도록 용기와 영감을 주었으면 한다.

나의 책을 읽어주고 그럼으로써 나를 응원해준 여러분에게 다시 한번 감사의 마음을 전한다. 이제 시작해보자. 왜냐

하면 내가 늘 하는 말대로…… 과학은 절대 잠들지 않기 때문
이다!

차례

1
뇌과학자에게 무엇이든 물어보세요

2
뇌과학 X파일

3
뇌과학의 미래

4
과학의 토끼굴 속으로

5
과학 기술 공학 수학하는 여자들

뇌 간단히 알아보기

뇌는 무엇일까? 뇌는 우리가 의사소통하게 해주고, 새로운 것을 배우게 해주며, 지난주에 들은 괴상한 농담을 걱정스레 곱씹느라 밤에 잠 못 들게 하고…… 음 그리고 그 밖에도 온갖 것을 하게 해주는, 우리 머릿속에 들어있는 물렁물렁한 분홍색 물질이기는 한데…… 그래서 정확히 무엇인 걸까?

　　뇌는 우리 몸이 하는 거의 모든 일을 관장하는 통제 센터다. 이중 거의 모든 통제가 의식적 정신 밖에서 일어나기 때문에 우리가 굳이 생각할 필요도 없다. 우리는 언제 배가 고플지 또는 피곤할지, 또 언제 혈압이나 심박수를 바꿀지 의식적으로 통제하지 않으며, 발가락을 찧었을 때 통증을 느끼라고 자신에게 지시하지도 않는다. 이 모든 일과 그 외 더 많은 일을 뇌가 혼자 알아서 한다. 하루 24시간 매분 매초, 우리가 자고 있을 때조차.

뉴런

아직 너무 자세한 이야기는 하지 않겠지만(벌써 겁을 줘서 여러분을 쫓고 싶지는 않다), 일단 우리 뇌가 실제로 무엇으로 이루어져 있는지부터 이야기해보자. 뇌가 **뉴런**이라는 뇌세포들로 구성되어 있다는 건 아마 다들 알 것이다. 이 세포들은 뇌 전역으로 (**활동전위**라는) 신호를 보내고, 다른 뇌세포들과 연결하여 너무나도 복잡하며 시시각각 변화하는 네트워크를 구성한다. 우리 뇌에는 뉴런이 약 880억 개 존재하며, 각 뉴런에는 수천 또는 수만 개의 _끄트머리_가 존재하는데, 이 _끄트머리_들은 다른 뉴런들과 연결할 때 **시냅스**라는 연접 부위를 형성한다.

아직 그리 대단한 것 같지 않다고? 흠, 그렇다면 이런 얘기는 어떤가? 어떤 뉴런은 시속 480킬로미터로 활동전위 신호를 보낼 수 있는데, 이는 포뮬러1 대회에 출전하는 자동차보다 빠른 속력이다. 아래에 그려진 전형적인 뉴런은 (DNA가 저장돼 있으며 각종 지시를 내리는) 핵이 들어 있는 세포체와 (신호를 실은 기차가 달리는 철도와도 같은) 축삭, (특정 장소들로 가는 더 작은 기차에 비유할 수 있는) 가지돌기, (중세 성의 도개교에 비유할 수 있으며, 신호 기차들이 멈춰서 해자 너머로 메시지가 담긴 주머니를 집어 던지는 장소인) 시냅스로 이루어진다. 이게 다다! 이게 뇌세포에 관한 모든 것이다. 우리 몸에서 아주 중요한 세포에 관해 알게 되었으니, 이제 여러분도 공식적으로 뇌과학자인 셈이다.

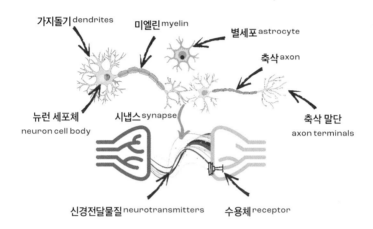

➡ 뉴런의 가지돌기들은 다른 뉴런들과 만나는 연접 부위를 형성한다. 이 연접 부위들은 신경전달물질이 방출되는 시냅스가 된다. 미엘린은 축삭의 겉을 감싸 전기신호가 더 효율적으로 이동하게 해준다.

신경전달물질

시냅스에서는 **신경전달물질**이 방출되는데, 신경전달물질이란 그 이름에서 짐작되는 바로 그런 일을 하는, 그러니까 뉴런들 사이에서 신호를 '전달'하는 화학물질이다. 시냅스란 결국 뉴런과 뉴런 사이의 틈새이므로, 그 틈새를 건너 메시지를 전달할 방법이 필요하고, 그 일을 위해 신경전달물질을 방출하는 것이다. 활동전위의 형태로 된 전기신호가 뉴런의 내부를 따라 이동하여 결국 뉴런 끄트머리에 도달하면 신경전달물질 방출을 촉발한다. 여기서 나온 신경전달물질을 그 다음 뉴런이 전달받으면(다시 말해, 신경전달물질을 '붙잡는' 일에 특화된 **수용체**에 물질이 결합하면), 이 뉴런은 바통을 넘겨주는 계주 선수처럼 신호를 계속 옮긴다. 사실상 부호화된 전기 메시지인 이 신호들은 우리의 뇌에 지시 사항을 전달하는 일을 맡고 있다. 지시 내용은 기억을 불러내라는 것일 수도 있고, 농담에 반응해 웃으라는 것, 혹은 잠들라는 것 등 무엇이든 될 수 있다.

신경전달물질로는 세로토닌, 도파민, 노르아드레날린(노르에피네프린), 글루타메이트 같은 것이 있는데 아마 여러분도 그중 몇 가지는 들어봤을 것이다. 기본적으로 이 물질들은 뇌가 사용하는 언어라고 할 수 있다. 이를테면 어떤 뉴런은 도파민이라는 언어로 말하고, 또 어떤 뉴런은 세로토닌이라는 언어를 사용하는 식이다. 그러니까 신경전달물질이란 우리 뇌가 자기가 대화하고 싶은 영역을 꼭 집어서 말을 거는 도구인 셈이다. 예컨대 도파민어를 사용하는 영역에 말할 메시지는 그곳에만 전달한다. 뇌 전체에 메시지를 뿌렸다가는 괜히 혼란만 부추길 테니 말이다.

다른 뇌세포들

과학자들이 뇌는 뉴런으로 이루어져 있다고 말할 때가 있는데, 엄밀히 따지면 그 말은 약간 틀렸다. **신경교세포**glial cell라는 또 다른 유형의 세포들도 뇌를 구성하고 있으니 말이다. 사실 뇌에는 뉴런의 거의 열 배나 되는 신경교세포가 있다. 신경교세포라는 단어는 몇 가지 특화된 세포를 뭉뚱그려 가리키는 용어다. 그중 **미세신경교세포**microglial cell는 뇌 자체의 면역계처럼 행동한다. 일반 면역세포와 항체를 뇌에 풀어놓으면 아주 큰 파괴가 일어날 수 있으므로 뇌만을 위한 면역계가 필요하기 때문이다. 신경교세포는 또한 **별세포**라는 특화된 세포 유형으로도 발달할 수 있다. 별세포가 우리 뇌의 25~50퍼센트 정도를 차지한다고 하니 이는 곧 뉴런 개수의 다섯 배에 달한다는 뜻이다. 별세포는 뉴런들 바로 옆에 둥둥 떠 있으면서 뉴런을 지원해주는 세포로, 자기가 할 수 있는 모든 방법을 동원해 뉴런을 돕는다. 단독으로 하는 일도 많은데, 세포들 사이에 필요한 구조물을 만들거나 시냅스가 하는 것과 똑같이 신경전달물질을 흡수하고 분비하기도 하며, **혈뇌장벽**의 형성을 촉진하기도 한다. 또 다른 신경교세포로는 뇌를 보호하고 폐기물을 제거하는 뇌척수액을 만드는 **뇌실막세포**ependymal cells, 뉴런의 신호 전달이 더 원활해지도록 **미엘린**으로 축삭을 감싸는 **희소돌기교세포**oligodendrocyte가 있다. 아직은 이 세포들에 대해 그리 많이 알 필요는 없다. 나중에 다시 살펴보겠지만, 우선 우리 뇌 속에는 전형적인 뇌세포 외에 다른 세포도 많다는 것을 잘 알게 되었으리라 믿는다.

혈뇌장벽

뇌에 관한 글을 읽으면 혈뇌장벽 이야기를 자주 접하게 될 것이다. 우리 몸속의 혈액은 간단히 말해서 모든 것을 운반하는 수송 체계다. 혈관은 우리가 매일 차를 타고 달리는 도로망처럼 작동한다. 도로가 그렇듯 혈액은 자동차(적혈구), 응급 서비스(면역세포), 푸드 트럭(음식 입자, 지방, 단백질, 당분 등), 도망 중인 범죄자(세균, 바이러스)까지, 통행하는 모든 것을 실어 나른다. 뇌는 이런 모든 활동에 다 관여하기에는 너무 중요한 기관이므로, 몸의 나머지 부분으로 공급되는 혈액과 특별히 뇌로만 들어가는 혈액 사이에 장벽이 설치되어 있다. 산소, 포도당, 적혈구는 그 장벽을 쉽게 통과하지만, 세균과 면역세포 그리고 나머지 거의 모든 것은 통과하지 못한다(때때로 건너지 말아야 할 것들이 그 장벽을 건너는 일도 생기는데, 이는 우리 건강에 아주 나쁜 일이다). 혈뇌장벽은 과학자들이 뇌를 표적으로 하는 약을 만들고자 할 때 (글자 그대로) 넘어야 할 하나의 장벽이다. 뇌를 보호해준다는 점에서는 아주 훌륭하지만, 그 너머로 약을 보내야 할 때는 장해물이 될 수 있다.

백색질과 회색질

앞에서 말한 모든 종류의 세포는 크게 **백색질** 아니면 **회색질**을 이룬다. 한쪽이 다른 쪽보다 더 진한 회색인데, 이 미묘한 색 차이 때문에 이런 이름이 붙었다. 척수와 뇌의 더 깊은 내부에서 볼 수 있는 백색질은 뉴런의 긴 축삭들이 모여 있는 부분으로, 하얗게 보이는 건 축삭을 감싸는 지방질 물질인 미엘린 때문이다.• 또 백색질에는 별세포도 많이 들어 있다.

• 전기가 잘 통하지 않는 절연체인 미엘린은 전기신호(활동전위)가 뉴런 밖으로 새어나가지 않도록 차단함으로써, 신호가 축삭을 따라 빠르고 원활하게 이동하도록 돕는다. 전선의 피복과 같은 역할이라 볼 수 있다.

회색질은 주로 뇌의 바깥쪽 층과 소뇌에서 볼 수 있으며, 회색질에는 뉴런의 세포체와 가지돌기 그리고 여러 신경교세포와 모세혈관이 들어 있다. 뉴런들의 통제 센터이자 뇌의 모든 영리한 힘이 나오는 곳이 바로 회색질이다. 백색질과 회색질은 뇌와 척수에서 각자가 자리한 뇌 지역들로도 나눌 수 있지만, 서로 중첩되는 부분도 있다. 그러니까 백색질에서도 몰래 끼어 들어온 작은 세포체와 신경교세포를 볼 수 있다는 말이다.

우리 뇌가 바로 이런 것들로 이루어져 있음을 이제 여러분도 알게 되었다. 누군가 뇌는 근육 덩어리일 뿐이라고 말할 때를 대비해 이 사실을 꼭 새겨두자. 이제는 그럴 때 그들이 얼마나 잘못 알고 있는지, 또 뇌가 정말로 무엇인지 설명해줄 수 있다.

뇌의 영역들

우리가 방금 배운 여러 구조물과 세포들은 아주 정교한 방식으로 조직되어 있다. 우리 뇌는 조직하는 걸 아주 좋아하며, 수백만 년에 걸쳐 만들어진 구획 나누기 방식을 따른다. 이 말은 뇌가 보통은 하나의 단위로 된 '전체 뇌'로 작동하기는 하지만, 특정 과제별 특화된 영역(이를 **엽** lobe 이라고 한다)이 존재한다는 말이다. 뇌는 4개의 주요 엽(및 작은 섬엽 insula lobe 과 변연엽 limbic lobe)으로 이루어진다. 각 엽은 자기만의 우선적 역할이 있고, 그 외 다른 영역과 연결하여 임무를 함께 처리하기도 한다. 엽은 다시 180개쯤 되는 더 작은 영역으로 나뉘지만, 이 네 개의 엽만 알아도 우리 뇌가 어떻게 조직되어 있는지 대략 감을 잡을 수 있다.

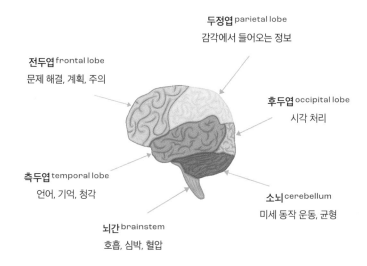

두정엽 parietal lobe
감각에서 들어오는 정보

전두엽 frontal lobe
문제 해결, 계획, 주의

후두엽 occipital lobe
시각 처리

측두엽 temporal lobe
언어, 기억, 청각

소뇌 cerebellum
미세 동작 운동, 균형

뇌간 brainstem
호흡, 심박, 혈압

➡ 뇌의 전형적인 엽 구분. 이에 대해서는 나중에 또 얘기할 테니 지금은 너무 신경 쓰지 마시길.

이 책을 읽는 내내 여러분은 뇌의 여러 영역을 묘사하는 **과학** 용어들을 좀 보게 될 텐데, 대체로 여러분이 중요한 내용을 이해하되 과학 용어의 수렁에 빠지지는 않을 정도로 단순화할 생각이다. 그래도 간혹 어떤 용어는 피해갈 방법 없이 써야만 할 때도 있다. 하지만 너무 두려워할 필요는 없다. 뜻을 잊어버리더라도 책 끝부분에 필요할 때면 언제든 찾아볼 수 있는 용어 설명을 첨부했으니 말이다. 아니면 용어는 무시하고 그런 단어가 존재하지 않는 척해도 된다. 어느 쪽이든 괜찮다.

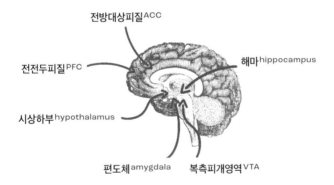

전방대상피질ACC
전전두피질PFC
해마hippocampus
시상하부hypothalamus
편도체amygdala   복측피개영역VTA

➡ 이것은 앞으로 수시로 등장할 중요한 뇌 영역 몇 군데의 대략적 위치를 알려주는 안내도이다. 하지만 걱정하지 마시라. 원치 않는다면 무엇을 뜻하는 단어인지 알 필요 없다. 이 그림을 여기에 실어둔 이유는 어떤 일이 뇌의 어느 곳에서 일어나는지 머릿속에 그려보고 싶을 경우를 대비해 언제라도 참고할 수 있게 하기 위해서다.

모든 것은 연결되어 있다

뇌과학에서는 한 번에 뇌의 한 부분이나 신경전달물질 하나에 관해서만 이야기하는 경우가 종종 있다. 이렇게 하는 이유는 그 부분 혹은 물질이 뇌가 하는 어떤 일에서 핵심적인 역할을 하기 때문인데, 실제로는 그것이 단독으로 작용하는 일은 결코 없다.

뇌는 서로 다른 영역들이 수조 개의 연결로 네트워크를 형성하여 믿을 수 없을 만큼 복잡한 시스템을 이루는 기관이고, 우리는 아직 이 시스템을 제대로 이해하는 일 근처에도 가지 못했다. 이 책 전반에서 이 연결에 관해 이야기할 것이다. 연결이란 단순히 말해서 뉴런들이 서로 대화를 나누는 방식이다. 뉴런은 어느 한 뉴런에게 메시지를 보내고는 스위치를 끄고 잠드는 게 아니다. 뉴런은 수천 개의 다른 뉴런에게 말을 걸고, 그 말을 들은 뉴런은 다시 또 다른 수천 개의 뉴런에게 할 말을 건네며 이런 식으로 연결의 네트워크를 만들어 간다. 현재 뇌과학이 우리에게 들려주는 이야기에 따르면, 뇌 영역들의 차이뿐 아니라 그 영역들이 서로 연결되는 방식도 우리 뇌가 작동하는 방식을 결정한다. 이 책을 읽으면서 여러분도 알게 되겠지만, 뇌의 영역들이 서로 연결되는 방식은 모든 사람의 뇌마다 다 다르다. 똑같은 두 개의 뇌는 존재하지 않는다는 말이다. 뇌가 어떻게 작동하든 그건 각자만의 고유한 것이기 때문이다.

어느 순간이든 글자 그대로 수십억 개의 뇌세포가 서로 이야기를 나누고 있다. 시각 처리가 모든 뇌 활동 중 65퍼센트를 차지한다는데, 그렇다면 여러분이 이 문장을 읽고 있는 바로 지금, 얼마나 많은 수의 뇌세포가 서로 함께 일하고 있을지 생각해보라. 문장을 좀 더 읽어보기에 정말 좋은 타이밍 아닌가. 자, 그럼 가보자!

뇌과학자에게 1

무엇이든 물어보세요

※

뇌는 왜 하고 많은 곳 중 하필 머릿속에 있을까?

뇌를 머릿속에 두는 것은 자연계에서 (항상 그런 건 아니지만) 꽤 일관된 일로 보인다. 왜 우리 뇌는 몸속 다른 어딘가에 있지 않을까? 남자의 뇌는 다른 어딘가에 있다고 주장하는 이들도 몇 명 있기는 한데, 내가 보기에 뇌과학이 그 의견을 완전히 뒷받침해줄 것 같지는 않다. 뇌가 갈비뼈로 된 흉곽 속에 있어서 보호받거나, 다리나 발 속에 있어서 모든 위험을 피할 수 있다면 더 안전하지 않을까? 그렇다면 보기엔 뭔가 끔찍하겠지만, 어쨌든 답은 비교적 단순명료하다.

우선 머리부터 생각해보자. 뇌는 감각 입력, 그러니까 우리가 보고, 냄새 맡고, 듣고, 맛보고, 만지는 것에 관해 우리 감각이 제공하는 정보에 의존한다. 시각이 모든 뇌 활동의 거의 65퍼센트를 차지한다니, 눈과 뇌는 가능한 한 가까이 있는 것이 좋겠다. 만약 뇌가 우리의 일차 감각기관들에서 먼 곳에 자리하고 있다면, 감각 정보를 받는 데 미미하지만 결정적인 지연이 생길 것이다. 역사를 돌아보면 겨우 몇 밀리초(1000분의 1초) 늦는 것이 생사를 가르는 차이가 되기도 했다. 뇌는 자기 주변에 떠도는 소문을 샅샅이 알고 싶어 하고 모든 일의 중심에 있고 싶어 하므로, 정보를 빨리 들을수록 더 흡족해한다.

그런데 잠깐. 뇌가 어디에 있든 감각들이 그냥 뇌 주변에서 생성되면 되지 않을까? 물속에서 살던 우리의 조상들부터 현생 인류에 이르기까지 수백만 년 동안 진화를 거쳐, 뇌는 결국 우리 몸 꼭대기에 자리를 잡았다. 물고기나 다른 포유동물이나 곤충을 생각해봐도 머리는 그 동물이 자기가 속한 환경 속에서 돌아다닐 때 주변 세상을 가장 먼저 만나는 부분이다. 감각이 주변을 향해 뻗어나가 우리가 앞으로 나아가기 전에 먼저 세상을 해석하는 것은 크게 유리한 일일 것이다. 주변 정보를 더 빨리 받을수록 포식자로부터 우리를 더 안전하게 지킬 수 있고 먹이를 찾는 데도 유리하다. 그러므로 인간의 뇌는 높은 곳에 자리 잡게 되는데, 그에 따라 우리의 감각도 높은 곳에서 우리에게 주변 모든 것을 가장 잘 볼 수 있는 시야를 제공한다. 그리고 눈이 약간 겉으로 드러나 있기는 하지만, 그 부분을 제외하고 뇌는 우리 몸이 만들 수 있는 가장 견고한 물질인 6~7밀리미터 두께의 두개골로 보호를 받는다. 그 덕에 뇌는 꽤 안전하다.

우리 뇌에서 가장 오래된 영역은 무엇이며, 무슨 일을 하는가?

뇌가 어떻게 진화했는지 이야기할 때는 **삼중뇌 이론**으로 설명하는 경우가 많다. 파충류 뇌와 감정적인 뇌, 더 우월하고 천재적인 뇌인 신피질로 이루어진다는 설명이다. 나는 이 신피질을 '게리'라고 부르기를 좋아한다. 그런데 이 삼중뇌 이론은 얼마나 진실에 가까울까?

뇌를 이런 식으로 개념화한 사람은 뇌과학자 폴 매클레인Paul Maclean이다.[1] 그는 1990년에 삼중뇌 이론을 상세히 풀어 설명하며 초기 뇌가 물고기에게서 그리고 이어서 파충류에게서 진화했다고 주장했다. 이 초기 뇌에는 기저핵 밖에 없었고, 나중에 뇌간과 소뇌도 생겼다. 이 부위들이 더해져 흔히 파충류 뇌라 불리는 오래된 뇌를 형성했다. 이 부분은 갈증과 허기, 성적 충동, 영역 수호 욕구, 공격성, 심박, 호흡, 체온 같은 상대적으로 원시적인 생명 기능을 담당한다.

수많은 책과 기사, 밈과 논평 들이 파충류 뇌가 우리 삶을 지배한다고 그리고 우리는 이를 극복해야 행동을 개선할 수 있다고 말한다. 그런 글들은 우리가 공격성이나 충동을 행동으로 옮기는 걸 막는 방법을 상세히 설명한다. 그 이야기에도 어느 정도 진실은 담겨 있지만, 전반적으로 볼 때 뇌는 그런 식으로 작동하지 않는다. 곧 알게 되겠지만 그것은 시대에 뒤떨어진 관점이다. 물론 파충류 뇌가 제일 먼저 진화한 뇌의 '유형'인 것은 (적어도 현재 우리가 뇌라고 생각하는 것의 관점에서는) 사실이다. 갈증과 허기 같은 기본 기능은 오늘날도 그렇듯이 과거에도 우리의 목숨을 유지해주었을 것이다. 그러나 진화를 거치는 동안, 파충류 뇌 주위로 다른 뇌 부위들도 생겨났다. 이는 단순히 집짓기 블록을 쌓아가는 것처럼, 더 지적인 뇌들이 추가로 생겼다는 것과는 다른 이야기다. 별개의 뇌들이 나중에 더해진 것이라기보다는 뇌가 자라며 더 복잡한 처리 능력이 발달한 것이다. 어떻게 그랬는지 아느냐고? 그건 뇌의 모든 부분이 하나의 뇌로 잘 통합된 완전한 하나의 구조물로 작동하기 때문이다.

우리가 진화하는 동안 가장 먼저 확장된 뇌 부위는 감정과 동기, 장기 기억 등을 지원하는 중간뇌와 변연계*였을 것이다. 이 두 부위는 우리가 사회적 연결을 맺는 법을 배우고 문명과 공동체를 건설하는 동안 다른 사람들과 함께 살아가며 주변 세상을 이해하도록 도우며 진화에서 중요한 위치를 차지했다.

시간이 가면서 신피질도 생겨났다. 신피질은 뇌 사진에서 익히 볼 수 있는 구불구불 접힌 부분(이랑)이 가득한, 뇌의 바깥쪽 부분이다. 이 이랑들은 접혀 들어가고 나오면서 뇌의 표면적을 가능한 한 넓혀주고, 그럼으로써 각 뇌 영역에 더 많은 뉴런이 들어 차게 해준다. 이는 인지 처리 과정과 연결성을 높이고 우리를 좀더 똑똑하게 만들어준다. 신피질은 의식적 사고, 계획 세우기, 추론 기술 등 인간의 뇌를 다른 동물의 뇌보다 탁월하게 만드는 여러 일을 담당한다. 이 때문에 흔히 신피질이 본능과 감정을 제어할 수 있다고들 이야기한다. 그러니까 신피질은 항상 자기가 옳은 답을 알고 있다고 생각해서(그리고 대개는 그런 답을 알고 있는 게 사실이다) 우리에게 덮어놓

★ 뇌과학계에서는 변연계라는 용어 자체도 뜨거운 논쟁의 대상이다. 어느 영역들을 변연계에 포함시켜야 하는지 아무도 단언할 수 없기 때문인데, 그래도 당분간 우리는 그냥 변연계라고 부르면서 용어에 관해서는 너무 신경 쓰지 말기로 하자.

고 성질을 부리기 전에 심호흡을 해서 진정하고 깊이 생각해 보라고 설득하는 잔소리쟁이 친구쯤이라고 생각하면 된다. 이 잔소리꾼 친구가 결정적인 발언권을 갖고 있기는 하지만, 우리 뇌의 각 영역은 주변 영역과 아주 잘 연결되어 있다. 무 슨 말이냐면, 지시를 내리는 원시적인 뇌가 따로 있는 것이 아니라, 그 부위는 그저 어떤 생각에 시동을 거는 정도일 뿐 이고, 이내 뇌 전체가 재빨리 나서서 함께 생각을 처리한다는 뜻이다.

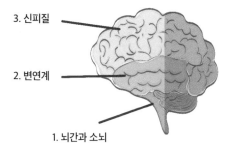

3. 신피질

2. 변연계

1. 뇌간과 소뇌

➡ 뇌는 여러 영역의 더욱 복잡한 통합체로 진화했다.

한때 뇌과학자들은 큰 신피질이 우리의 지적 능력을 높 여주고 오늘날과 같은 인간을 탄생시켰다고 믿었다. 그러나 현재 우리는 다른 포유류들에게도 신피질이 있음을 안다. 게다가 고래 같은 커다란 포유동물과 비교하지 않더라도 인간 뇌의 크기는 그리 큰 편이 아니다. 그보다 인간의 뇌를 특별하게 하는 것은 뇌의 크기와 체중의 비율인데 그 비율은 1대 50이다. 그러니까 우리의 체중이 약 1.4킬로그램인 뇌 무게의 오십 배라는 말이다. 이는 엄청난 비율이고, 우리는 전체 체중에서 상당한 양을 뇌에 할애했다. 대부분의 포유류는 이 비율이 1대 180 정도다. 그러니까 우리 뇌는 몸의 크기로 예상할 수 있는 것보다 약 다섯 배 더 큰 셈이다. 우리 뇌가, 특히 신피질이 그렇게 대단한 것은 들쑥날쑥한 이랑의 도움을 받은 신피질의 구성 방식 때문이다.

현생 인류의 신피질이 약 200개의 영역으로 나뉜다는 점을 생각해보면 우리가 물속에서 살던 조상들과 얼마나 많이 달라졌는지 감을 잡을 수 있을 것이다. 신피질이 아주 작거나 아예 없었던 초기 포유류에게는 뇌의 세부 영역이 스무 개 정도이거나 그보다 더 적었으며 구성도 아주 허술했다.

이제 다시 파충류 뇌와 충동적 행동 및 감정에 관한 이야기로 돌아가자. 매클레인의 삼중뇌 이론에 근거했던 초기 뇌과학은 셋으로 나뉜 뇌의 각 부분이 서로 독립적으로 행동한

다고 믿었다. 분노를 행동으로 표출하는 건 파충류 뇌가 하는
일이지만, 우주를 내다보며 우리 존재에 궁금증을 품는 건 신
피질이 하는 일이라는 식으로 말이다. 지금 우리는 이게 정확
한 사실이 아니라는 걸 알고 있다.

　우리 뇌는 진화하며 더 많은 기능이 생겨났고 그와 함께 크
기도 더 커지고 모양도 달라졌으며 뇌의 모든 부분은 1960년
대에는 제대로 이해하지 못했던 방식으로 연결되어 있다. 파
충류 뇌에 속하는 영역은 즉각적 생각이나 충동에 시동을 걸
기는 하지만, 뇌는 하나의 전체인 기관으로 움직이기 때문에
그 감정들은 뇌 전반에 걸쳐 더 큰 결과를 촉발하는 요인이
된다. 키를 돌려 자동차의 시동을 거는 것처럼 파충류 뇌가
분명 엔진을 가동할 수는 있겠지만, 차가 달려가는 것은 운전
자(이 비유에서는 신피질)까지 포함하여 자동차가 전체적으로 함
께 작동하는 것과 같은 원리다.

　일례로 분노도 아주 복잡한 감정이다. 분노는 우리의 기
억, 미래 예측, 맥락, 생리적 스트레스 등 여러 요인에서 영향
을 받는다. '파충류 뇌가 내게 그런 행동을 시켰다'라고 말하
는 건 지나친 단순화다. 그렇다고 초기의 삼중뇌 이론이 완전
히 틀렸다는 말은 아니다. 배고픔이나 위협 감지, 부정적 감

정 같은 원초적 충동(파충류 뇌)을 논리적으로 사고하고 맥락을 고려함으로써(신피질) 제압하는 것도 가능한 일이기 때문이다. 파충류 뇌의 영역들은 항상 동일한 원시적 기능을 하지만, 다른 부위들과 매우 긴밀히 연결되어 있으므로 단독으로 작동하기는 어렵다. 그러니까 우리 뇌에 기본적인 생명 기능을 도와주는 오래된 부위가 있는 것은 사실이지만, 그 부위들 역시 발달하여 현재 뇌의 일부를 이루고 있다.

✴

대마초는 뇌에 어떤 작용을 하는가?

모든 약물에는 어떤 식으로든 해로운 면이 있다. 기분 전환용 마약뿐 아니라 실험실에서 개발하고 제약회사가 만들어 의사가 처방하는 약들도 말이다. 예를 들어 대마 같은 식물에서 추출한 약에는 엄청난 양의 화학 성분이 들어 있고, 우리는 그중 얼마나 많은 성분이 효과를 발휘하는지 완전히는 모른다(하지만 이건 과학이 주는 재미 중 하나다. 언제나 더 알아낼 것이 있다는 점 말이다).

삼속, 특히 THC(대마의 가장 주요한 향정신성 성분인 테트라하이드로카나비놀tetrahydrocannabinol)는 우리 몸 곳곳에 있는 카나비노이드 수용체 1^{CB1}과 카나비노이드 수용체 2^{CB2}라는 수용체에 결합하여 작용한다. CB2 수용체는 면역세포와 미세신경교세포에 존재하면서 염증 반응을 줄인다. 보통 우리가 대마의 효과라고 말하는 것은 THC가 척수와 뇌에 있는 CB1 수용체에 결합할 때 일어나는 일이다. 그러니까 대마초를 피운 사람이 그 효과를 느끼는 곳은 바로 척수와 뇌이다. CB1 수용체는 또한 식욕 증가의 원인이기도 하다. 대마초를 피우고 나서 엄청난 식욕을 느낀다면 그건 이 작은 CB1 수용체 때문이다. 흥미롭게도 CB1 수용체를 차단하면 대마초를 피웠을 때조차 배고픔을 느끼지 않는데, 비만치료제 리모나반트는 바로 이 메커니즘을 활용해 개발되었다.

이제 우리의 질문으로 돌아가 연구 결과들이 어떤 이야기를 해주는지 알아보자. 전반적으로 대마초는 좋은 걸까, 나쁜 걸까, 아니면 그 사이 어디쯤일까? 답은 둘 사이 어딘가이다. 대마와 그것이 뇌에 미치는 영향에 관한 연구는 무수히 많지만, 문제는 다양한 연구 결과를 서로 비교하기가 무척 어렵다는 점이다. 각 연구에서 대상으로 삼은 사람들의 연령 집단이나 유형, 수는 제각각 다르다. 그중에는 이전에 마약을 해본 사람도 있고, 평생 어떤 마약에도 손대본 적 없는 사람도 있다. 이런 사실 때문에 명확한 답을 얻기가 어려운데, 모든 연구자는 당연히 자신의 연구 결과가 정확하다고 생각한다. 따라서 어떤 연구 결과를 찾아보느냐에 따라 답이 좀 갈릴 수 있다. 그러나 일반적으로 어린 나이에 대마초를 피우는 것이

나쁘다는 사실에는 누구나 동의한다. 대마초 흡연이 뇌의 학습과 기억 형성 과정을 방해할 뿐 아니라, 이후 성인기에 접어들었을 때 (현실감각을 상실하는 병인) 정신증의 증상들, 이를테면 환각이나 망상이 발생할 가능성과 상관관계가 있기 때문이다.[2] 이렇게 말하기는 했지만, 여기에도 어느 정도 논란은 있다. 증상이 생긴 다음 그 증상을 막아보려고 대마초를 한 것인지, 아니면 정말로 대마초가 직접적으로 정신증을 초래하는지가 특히 논쟁의 대상이다.

대마초와 정신증 사이의 관계에는 유전적 요소도 영향을 끼치므로 모두 연령 문제로만 돌릴 수도 없다. DNA가 우리를 대마초로 인한 심각한 증상에 더 취약하게 만들 수도 있다는 말이다. 왜냐하면 대마초를 포함하여 모든 약물의 남용은 도파민 시스템에 작용하므로, 도파민 수용체 중 하나에만 유전적 변형이 일어나도 정신증이 발발할 확률이 다른 사람의 다섯 배가 되기 때문이다.[3] 아직 완전히 알아낸 것은 아니지만, 조현병 당사자가 겪는 환각 등 여러 증상은 뇌의 도파민 경로 (궁금해할 사람을 위해 말하자면 **중간뇌-변연계** 경로와 **중간뇌-피질** 경로) 때문이다. 서로 다른 연구 결과가 나오는 전통을 깨고 싶지 않아서 그러는 걸까? 아무튼 대마초를 사용할 때 뇌에서 도파민이 어느 정도 분비되는지, 그것이 증상을 초래하는 데 어느 정도의 영향력을 발휘하는지에 관해서는 여전히 논의가 진행 중이다.

대마초가 끼치는 영향은 여기서 끝이 아니다. 과학자들은 대마초를 사용하는 동안 주의력을 정상적 수준으로 유지하려면 뇌가 얼마나 열심히 일해야 하는지를 알아냈다(그리 놀라운 사실은 아닐 것 같기는 하다). 대마초를 사용하면, 어떤 과제를 수행할 때 뇌의 주의력 영역의 활동은 증가하고 기억 영역의 활동은 감소한다.[4] 뇌 활동 증가는 좋은 일처럼 들릴지도 모르지만, 그건 대마가 뇌에 얼마나 많은 부담을 가하는지를 보여주는 증거이다. 어떤 약물의 영향도 받지 않은 사람과 비교해 같은 수준의 (대개는 표준 이하의) 집중력을 유지하는 데도 훨씬 더 많은 노력이 필요하다.

대마는 문제지만, 칸나비디올은 괜찮다던데?

대마에도 이로운 점이 있기는 하다. 물론 뇌과학의 관점에서 볼 때 그렇다는 말이다. (쿨럭, 쿨럭.) 1970~1980년대부터 내내 과학자들은 대마로 불안증과 우울증, 기타 여러 유형의 통증에 시달리는 사람들을 도울 수 있다고 주장했다. 현재 우리는 그 혜택 중 상당 부분이 대마 식물 속에서 발견되는 칸나비디올cannabidiol이라는 물질 때문이라는 것을 알고 있다.

칸나비디올은 대마 추출물의 20~40퍼센트 정도를 차지하며, 항염증 및 수면 개선, 경련 강도 완화 같은 여러 이점과 관련이 있다.[5] 수많은 연구와 임상 시험은 다양한 유형의 통증에 시달리는 사람들에게 칸나비디올이 얼마나 유용한지를 증명했다. 통증을 유발하는 신경 손상(신경병성 통증), 암으로 인한 통증, 심지어 신경계 장애(예컨대 뇌 염증이 특징인 다발경화증 등)와 관련된 통증까지 모두 칸나비디올을 사용해 줄일 수 있음이 확인된 것이다.

칸나비디올이 도움을 줄 수 있는 또 하나의 큰 영역은 기분장애의 감정 조절이다. 칸나비디올은 뇌의 공포 중추와 논리 중추 사이의 신호(편도체에서 나와 전전두피질로도 가고 전방대상 피질로도 가는 신호)를 변경함으로써 불안을 줄일 수 있다. 칸나비디올이 우리 뇌에 들어왔을 때 하는 일은 선생님이 교실의 말썽꾸러기들에게 그만 떠들라며 조용히 시키는 것과 좀 비슷하다. 선생님에게 잔소리를 들은 이 뇌 영역들은 이제 대화를 줄여야만 해서, 공포 중추는 조용해지고 논리 중추가 주도권을 넘겨받는다. 이는 뇌가 공포를 해석하는 방식을 변화시켜, 어떤 일의 의미를 심각한 사건에서 무섭지만 안전한 것으로 축소하게 만든다. 최근의 연구들은 칸나비디올이 사회적 불안장애에도 도움이 될 수 있음을 알아냈다.[6] 칸나비디올은 우리 뇌의 감정적인 부분들, 특히 자신이 행동하는 방식에 관한 자기 인식을 차분하게 만드는 것으로 보이는데, 이 때문에 많은 사람 앞에서 말해야 하는 스트레스가 심한 상황에서 칸나비디올을 쓰면 자신을 향한 청중의 감정에 덜 신경 쓰게 되고, 따라서 불안의 강도도 낮아진다.[7]

이런 점은 외상 후 스트레스 장애 같은 공포 관련 사건으로 고통받는 사람에게 칸나비디올을 쓸 가능성을 생각해볼 때 더욱 의미심장하다. 칸나비디올의 효과는 너무 대단해서 우리 몸은 이미 아난다미드anandamide라는 자체 버전의 칸나비디올을 생성한다. 아난다미드는 다른 유형의 뇌 신호들을 둔화시키려는 목적으로 뇌세포에서 분비된다. 외상 후 스트레스 장애에 시달리는 사람의 뇌를 들여다보면 아난다미드의 양이 적은 것을 알 수 있는데, 이는 뇌가 스트레스와 공포 메시지에 한계를 설정할 수 없어서 스트레스와 공포 경로가 더 많이 활성화될 가능성이 있음을 뜻한다. 이것이 바로 대마를 소량 사용하면 때로 외상 후 스트레스 장애 증상을 개선할 수 있는 이유이다.

대마가 뇌에 직접 영향을 주는 구체적 시나리오를 설명하기에는 지금까지 발견된 과학적 증거가 충분하지 않다. 전반적으로 보면, **성인**이 **의료진의 감독하**에 사용할 때 대마가 뇌에 긍정적 효과를 내기도 하므로, 다른 치료법으로 효과를 보지 못한 사람이 도움을 받을 수도 있다는 정도로 말할 수 있겠다.

왜 어떤 사람과는
처음부터 죽이 잘 맞고 금세 친해질까?

처음 보는 사람을 만나자마자 마치 여러 해 알고 지낸 느낌이들 정도로 대화가 잘 통했던 적이 있는가? 없다고? 사실 나도 없다. 하지만 사교성이 뛰어난 사람들에게는 이런 일이 실제로 일어난다. 직장에서든 학교에서든 그냥 밖을 돌아다닐 때든 우리가 매일같이 상호작용하는 모든 이들 중에서 때로는 처음부터 '죽이 잘 맞는' 사람을 만날 때가 있다. 대화가 자연스레 흘러가고, 관심사가 일치하며, 이제 막 상대가 무슨 말을 꺼내려는 건지도 다 알 것 같다.

이런 과정이 이루어지는 메커니즘에 관해서는 사회심리학이 많은 설명을 내놓았다. 신체 언어, 표정, 눈맞춤 그리고 물론 그 사람을 향한 일반적 호기심 같은 여러 가지가 조합되어 일어나는 일이라고 한다. 다 맞는 말이기는 한데, 뇌과학자들은 뇌에서 이런 일이 일어나는 과정을 관찰할 수 없었다.

얼마 전까지는 말이다!

몇 년 전, 뇌과학자 미겔 니콜렐리스Miguel Nicolelis가 이끄는 연구팀은 이러한 사회적 연결이 일어나는 동안 뇌 속을 들여다보고, 그 결과 뇌에서 실제로 어떤 일이 벌어지는지를 밝혀냈다.[8] 알고 보니 우리의 뇌는 상대방의 뇌와 잘 맞는 뇌파를 만들어내는 방식으로 자신의 활동을 바꾸었다. 이 현상을 **커플링**coupling이라고 한다. 이는 우리 뇌가 사회적 상황에서 다른 사람과 어떻게 동기화하는지를 설명함으로써, 우리가 나머지 사람들과 달리 특정 사람과 더 잘 통하는 이유도 설명한다. 두 사람 사이에서 이런 동기화가 일어날 때 그들의 머릿속을 들여다보면, 신체 언어와 표정 같은 사회적 신호를 능숙하게 미러링하여 서로 유사한 뇌 신호 패턴을 만들어내고 있는 모습을 보게 될 것이다. 이는 대화와 상호작용을 훨씬 더 즐겁게 만들어줄 것이다. 이미 서로에게 건전한 관심이 있는 경우라면 말이다.

나중에 누군가가 여러분에게 자신과 주파수가 비슷한 사람인 것 같다고 말한다면, 그 말이 정말로 맞을 수도 있는 것이다!

이러한 뇌의 동기화를 탐구하는 연구팀은 스포츠팀과 뮤

지션, 관객 등 같은 일을 함께 수행하고 있는 집단을 관찰하여 뇌의 동기화가 그들이 공통된 경험을 만들어내는 데 어떤 도움을 주는지 관찰할 계획이다.

우리는 어떻게 동기화를 이뤄낼까?

뇌는 신체 언어 같은 사회적 신호를 바탕으로 다른 사람들과 동기화하는데, 시선을 마주치는 일이 뇌의 동기화에 얼마나 중요한지가 MRI 스캔으로 밝혀졌다. 마주치는 시선은 다른 어떤 사회적 신호보다 훨씬 강하게 뇌를 활성화한다.[9] 그냥 눈 하나가 담긴 사진을 보는 것만으로는 실제로 시선을 마주칠 때와 같은 방식으로 뇌가 자극되지 않는다. 어떤 자극이 뇌를 동기화할 수 있으려면 그 자극에는 진짜 사회적 요소가 필요하다.

동기화는 여러분도 예상할 수 있겠지만 다른 많은 방식으로도 일어날 수 있다. 기분 좋은 대화를 나누는 것처럼 단순한 언어적 의사소통으로도 대화 상대와 깊은 수준의 뇌 동기화가 이루어진다. 뇌는 표정이나 손짓 같은 비언어적 의사소통을 관찰함으로써도 동기화한다. 물론 이 경우에는 상대방이 여러분이 하는 말에 같은 감정적 반응을 보여주어야(여러분이 하는 말에 신경을 써야) 하겠지만 말이다. 우리가 이해하지 못하는 언어를 쓰는 사람과는 그래서 동기화되기가 어렵다.

거울 뉴런이 절친을 만드는 데 도움을 준다던데?

두 뇌 사이의 커플링 효과에 관해서는 아직도 연구가 계속되고 있지만, 그건 아마 **거울 뉴런**의 활동에서 나오는 한 가지 특징일 가능성이 크다. 뇌과학계에서 거울 뉴런은 치아 요정과 좀 비슷한 존재였다. 거울 뉴런이 존재한다는 증거가 있는데도(아쉽게도 치아처럼 돈으로 바꿔주지는 않지만) 오랫동안 그 존재를 의심하는 과학자들이 많았고, 지금까지도 실제로 하는 일에 관해서는 논쟁이 벌어지고 있다.

거울 뉴런은 1992년에 이탈리아 연구자들이 마카크 원숭이가 물건을 집거나 음식을 먹는 등의 동작 과제를 수행할 때 뇌의 **전운동피질**이 활성화된다는 사실을 알아냈을 때 처음 발견됐다.[10] 좀 당연한 소리 같겠지만 얘기는 여기서 끝이 아니다. 놀라운 점은 다른 원숭이가 물건을 집는 걸 쳐다보기만 해도 바로 그 전운동피질이 활성화된다는 것이었다. 그건 마치 이 원숭이의 뇌가 어떤 영적인 교신을 통해 그 과제를 수행하는 것처럼 활성화되었다는 얘기다(물론 실제로는 그런 게 아니지만). 거울 뉴런이라는 용어는 어떤 일을 직접 행하는 게 아니라 누가 그 일을 하는 걸 볼 때 더 활성화되는 뉴런을 가리키는 말로 처음 사용되었다. 곧 뇌과학자들은 남들이 어떤 일을 하는 모습을 보면서 그 일을 하는 법을 배우는 과정에 거울 뉴런이 필수적인 역할을 할 것이라는 의견을 내놓았다. 그리고 얼마 후 이 신비로운 뉴런을 사람에게서 찾는 일이 시작되었다.

한동안 많은 과학자가 사람에게는 거울 뉴런이 없으며, 사람은 거울 뉴런이 필요 없는 단계까지 진화했다고 믿었다(우리가 좀 오만했던 것 같다). 마침내 우리는 다른 사람이 과제를 수행하는 모습을 보는 사람의 뇌 활동을 들여다보기 시작했다. 기능성 자기공명영상fMRI을 통해 원숭이에게서 보았던 것과 동일한 거울 뉴런이 발견되었는데, 추적은 거기서 멈추지 않았다. 이후 거울 뉴런은 소뇌(미세 운동 기술), 시각피질(사물을 보는 것), 변연계(감정)를 비롯하여 아주 여러 곳에서 발견되었다.[11]

왜 전운동피질뿐 아니라 뇌의 다른 영역들에서도 거울 뉴런이 보이는 것일까? 아직 확신하지 못하는 과학자들도 있지만 나를 포함한 많은 이가, 다른 사람의 표정과 감정을 관찰하여 공감이나 다른 여러 사회적 행동을 하도록 이끄는 일에 거울 뉴런이 관여한다고 믿고 있다. 거울 뉴런은 사회적 상호작용 중 우리 뇌가 다른 사람의 뇌와 동기화하는 일에 관여할 가능성이 크다. 구체적으로 말하면 미소나 웃음으로 긍정적 감정을 미러링해 더 나은 사회적 연결에 기여하는 것이다. 바로 이러한 거울 뉴런의 활동이, 우리가 어째서 어떤 사람과 죽이 척척 맞는지, 서로의 뇌 활동을 얼마나 쉽게 동기화하는지를 설명해준다. 두 사람의 뇌에서 거울 뉴런이 시선 맞추기 같은 여러 사회적 신호를 인지하면 둘의 뇌는 커플링 효과를 경험할 확률이 매우 높고, 그렇게 우리는 평생의 절친이 되는 건지도 모른다.

거울 뉴런이 감정적 반응에 관여한다는 점 때문에, 일부 연구자들은 다른 사람과 잘 관계 맺지 못하는 자폐장애가 거울 뉴런의 손상이나 발달 부전의 결과일지 모른다고 추측한다.[12] 다른 사람의 표정과 사회적 행동을 해석하지 못하는 사람이 있다고 생각해보라. 그렇다면 이 사람의 뇌는 자신이 어떤 양상으로 사회적 행동을 해야 하는지 답을 내지 못할 것이라고 짐작할 수 있다. 하지만 이를 제대로 이해하기 위해서는 더 많은 연구가 필요하다.

우리는 아직도 거울 뉴런을 바로 가까이에서 관찰한 적이 없다. 보통 우리는 기능성 자기공명영상 같은 뇌 스캔에 의지하는데, 아직 답을 찾지 못한 질문들이 굉장히 많이 남아 있다. 거울 뉴런은 다른 뉴런들과 모양이나 연결, 수용체 등이 다를까? 그냥 일반적인 뉴런인데 거울 뉴런 기능도 있는 것일까? 거울 뉴런은 언제 발달할까? 나이가 들수록 사라지는 걸까? 수수께끼는 끝이 없다.

※

새로운 언어를 배우는 것이 뇌 기능과 기억에 어떤 영향을 줄까?

새로운 언어를 배우느라 끝도 없어 보이는 단어와 문법 규칙을 익히며 고생해본 사람이라면 그 모든 걸 외우려면 뇌가 얼마나 열심히 일해야 하는지 잘 알 것이다. 우리가 외국어를 배울 때 뇌는 초과근무를 해야 하기 때문에 그 일을 위해 뇌 영역들 사이의 연결을 개선하고 우리가 던져준 새로운 세계를 따라잡기 위해 뇌세포를 추가로 만든다.

언어를 사용하는 것은 문장을 구성하고 의미와 문맥을 이해하고 읽고 쓰고 문법 규칙을 익히고 소리를 듣는 아주 복잡한 과정이며, 뇌는 우리가 필요로 할 때 이 모든 과정을 조직적으로 구성하여 유연한 대화로 만들어낸다. 언어만 전담하는 뇌 영역도 있는데, 그중 **브로카 영역**Broca's area 은 우리가 효율적으로 의사소통할 수 있도록 문장 구조를 만들어내고 소리 내어 말하게 한다. **베르니케 영역**Wernicke's area 은 단어들 배후에 담긴 의미를 이해하는 데 중요한 영역이며, **모이랑**angular gyrus은 단어 이면의 개념을 파악하도록 돕는다. 이 영역들은 뇌 중앙 부분에 고루 흩어져 있으며, 다른 많은 영역과 협력하여 우리가 자유롭게 말하고 내면의 생각을 표현하도록 해준다.

　그런데 제2 언어를 말할 수 있는 사람의 뇌에서는 몇몇 영역에 변화가 일어난다. 이마 뒤 전두엽에 있는 전전두피질과 전방대상피질, 모이랑은 모두 언어에서 중요한 역할을 하며, 의미와 문맥을 단어와 연결하는 일을 한다. 언어중추는 기억 영역과 연결하여 사용할 수 있는 단어를 골라내지만, 이 단어들을 점검하여 전달하고 싶은 개념에 잘 어울리는지 확인하는 일은 전두엽이 한다. 다른 언어를 배우려고 **노력 중**인 한 사람으로서, 나는 종종 내가 말하고 싶은 게 무엇인지 골똘히 생각하고 있는 자신을 발견한다. 이런 일이 벌어질 때 내 뇌는 아무 단어나 마구잡이로 떠올리는 놀이에 신나게 빠져 있는 것 같은데 이럴 때면 나는 무슨 말을 해야 할지 몰라 버벅거리며 당황한 모습을 보인다. 사실 이는 내 뇌가 내게 필요하고 문맥에도 정확히 맞는 단어를 찾으려 시도하는 방식이며, 이 과정을 거치는 동안 내 뇌는 열심히 운동하게 된다.

　제2 언어를 말할 때는 뇌에서 전전두피질과 전방대상피

질이 열심히 일한다. 이 두 영역은 우리가 무슨 말을 하는지 계속 모니터링하면서, 우리가 선호하는 언어로 적합한 때에 정확한 단어를 고르도록 도와준다. 2개 국어 이상을 말하는 사람들의 뇌를 스캔해보면 이 영역들이 확대되어 있고 주변 영역들과 연결성이 더 좋은 것을 확인할 수 있다. 즉 MRI 스캔을 해보면 이중언어 사용자의 뇌에서는 회색질과 백색질이 증가해 있다. 이는 그들의 뇌 속에 뉴런이 더 많다는 사실을 멋을 부려서 말하는 방식이다. 뇌는 새로운 단어를 특정 의미와 짝지으려 노력하고, 그 때문에 더 많은 수의 뉴런과 연결이 필요하다(여기서 연결이란 뇌가 기억과 연상을 형성하는 걸 돕기 위해 생기는, 다른 뉴런들로 이어지는 시냅스들이란 것을 기억하자). 그 영역들이 열심히 일하니 더 많은 지원이 필요한 것이다.

이 모든 것은 이중언어 사용자의 뇌가 조금 남다르다는 점을 의미하는데, 이는 인지 과제 수행을 할 때도 드러난다. 제2 언어를 할 줄 아는 사람은 일반적으로 과제 전환(보통 우리가 멀티태스킹이라고 생각하는 것) 같은 높은 인지 기능 활용에 더 능할 뿐 아니라, 사회적 기술이 더 우수하고 타인에게 감정이입도 더 잘하는 것으로 나타났다.[13] 이는 아마도 새로운 무언가를 배운다는 취약한 입장에 놓이는 것이, 어떤 기술을 숙달하려면 어려움을 이겨내야 한다는 사실을 잘 이해하게 해주기 때문인 것 같기도 하다. 또한 새로운 문화와 전통에 개방적인 태도가 식견을 높이고, 공감 능력과 사회적 기술을 키우는 데 도움이 된다는 개념과도 연결될 것이다. 세 가지 이상의 언어를 배우면 효과가 더 클지는 아직 밝혀지지 않았지만, 여러 언어를 배우는 사람에게서 또 다른 향상된 면들이 발견된다고 해도 놀랍지는 않을 것 같다.

언어와 나이

오랫동안 성인이 되어서는 언어를 배우는 것, 적어도 어느 정도라도 훌륭하게 구사하게 되는 것은 가능성이 희박한 일이라고 여겨졌다. 일반적으로 언어는 뇌가 아직 발달 중인 아주 어린 나이에 배워야 한다고 생각한 것이다(사실 뇌는 20대 중후반까지 계속 발달한다). 이제 우리는 그 생각이 사실과 다르며, 나이가 적든 많든 언어를 아주 잘 배울 수 있다는, 아니 그 무엇이라도 아주 잘 배울 수 있다는 것을 알고 있다. 어릴 때 배우는 일의 이점은 몰입할 만한 환경에 놓여 있는 데다 매일 학습하도록 부추기는 가족이 있다는 점이다. 성인의 경우 몰입을 아주 잘 하는 사람이라도 환경적 요인 때문에 새로운 언어에 전적으로 몰입하는 일이 어려울 뿐이다. 어쨌든 진실은, 완전히 발달이 끝난 성인의 뇌라 해도 학습이 가능하다는 것이다.

　성인이 되어 언어를 배우는 것은 가치 있는 일이다. 꼭 새로운 언어를 써서 얻을 수 있는 경험 때문이 아니더라도, 뇌의 노화 속도를 늦추고 알츠하이머병 등의 질환을 뒤로 미루게 해주니 말이다. 신경퇴행성 질환이 생기면 이중언어 사용자의 뇌도 다른 사람의 뇌와 마찬가지로 어느 정도 뉴런이 손상되고 기능을 상실하지만, 건망증 같은 증상의 심각도는 훨씬 덜하다. 새로운 언어를 하나 더 배우는 일은 증상을 최소한 5년은 더 늦추는 것으로 추정된다.[14] 그뿐 아니라 뇌졸중 후 주의력 수준과 기억 측면의 예후 개선에도 특히 도움이 된다.[15] 이들의 증상이 더 가벼운 이유는 아마도 측두엽의 기억 영역에 뉴런(과 연결)이 더 많고, 따라서 손상이 일어났을 때도 뇌가 더 많은 기능을 보유할 수 있기 때문일 것이다. 만약 여러분이 그럴듯한 이유가 있어야만 새로운 언어를 배우겠다고 생각했다면, 이제 그 이유가 생겼다. 바모노스Vamonos!●

●　스페인어로 'Let's go!'

＊

왜 중독되는가?

중독이란 뭘까? 일반적으로 과학자들이 말하는 중독이란 누군가가 어떤 부정적 결과가 따르든 말든 개의치 않고 강박적으로 약물을 찾아서 사용하는 것을 의미한다.＊ 중독은 우리의 감정과 경험에 크게 영향을 받으며, 매우 심각한 상태를 초래하는 장기적 장애다. 중독에 이르게 하고 결국에는 내성(신체가 약물에 익숙해진 상태)이 생기게 하는 과정은 정말 복잡하지만, 앞으로 몇 페이지에 걸쳐 중독이 벌이는 몇 가지 주요한 일을 전반적으로 자세히 살펴볼 것이다. 중독에는 우리 뇌의 여러 영역과 사회적 신호, 생활 습관이 연루되어 있음을 기억하는

★　우리는 커피부터 약물, 니코틴, 알코올 그리고 도박과 소셜미디어까지 거의 무엇에든 중독될 수 있다. 우리가 그로부터 어떤 혜택이라도 얻는 것처럼 보이는 한, 뇌는 그것을 더 많이 원한다.

것이 중요하다.

뇌의 관점에서 볼 때, 인간이 삶을 유지하기 위해서는 음식, 물, 동반자, 안전 같은 것이 필요하다. 우리가 그런 것들을 얻을 때 뇌는 도파민을 분비해 기분이 좋아지게 함으로써 그 행동을 강화한다. 어떤 면에서 뇌는 우리가 필수적인 무언가를 얻을 때 기분을 좋게 만듦으로써 우리를 꼬드긴다고 할 수 있다. 우리는 기분 좋은 걸 좋아하고, 기분이 좋아지면 그 일이 또 하고 싶어지기 때문이다. 독특하고 흥미로운 무언가를 발견할 때도 비슷한 일이 일어난다. 아마도 새로운 것을 발견하는 일이 진화의 관점에서 우리에게 유용했기 때문일 것이다. 이러한 도파민 시스템을 뇌과학자들은 **보상 회로**라고 부른다. 안타깝게도 약물 역시 이 보상 회로를 이용할 수 있고, 그럼으로써 결국 우리를 중독으로 이끈다.

도파민

흔히 '기분 좋은' 화학물질이라 불리는 도파민에 대해 들어보았을 것이다. 우리가 남용 위험성이 큰 약물(코카인, 아편, 알코올, 니코틴, 암페타민 등)을 사용하면, 뇌 속 특정 뉴런들에서 도파민이 분비되어 우리에게 쾌감과 도취감을 일으키고 결국에는 그 일을 또 하도록 동기를 자극한다. 이런 일이 일어나는 이유는 우리 뇌가 과거의 경험과 그 경험을 할 때 느꼈던 우리의 감각을 기반으로 결정을 내리기 때문이다. 한번 사용했던 '기분 전환' 약물을 또 사용하는 일에 관해 생각할 때 뇌는 기억, 감정, 예측 영역의 다른 부분들에 말을 걸기 시작한다.

중독에 관해 많은 것을 알게 되긴 했지만, 도파민이 어떻게 우리 감정에 영향을 미치는지가 완전히 명백하게 밝혀진 것은 아니다. 분명한 사실은 뇌가 기분 전환 약물 사용을 좋아한다는 것이다. 이런 약물로 분비되는 도파민의 양은 음식 같은 자연스러운 보상에서 얻는 것의 열 배에 이르기도 한다. 물론 모든 사람이 다 그런 건 아니다. 어떤 사람에게는 음식에 의한 도파민 분비량이 더 많을 수 있다. 이 때문에 일부 과학자들은 이 현상이 섭식장애와 비만을 일으키는 요인일 수 있다고 생각한다.[16]

좋다. 이제 도파민이 무슨 일을 하는지 알았으니, 실험복을 걸치고 본격 과학에 뛰어들어보자. 뇌 속 주요 도파민 영역들은 귀 바로 위에 있는 중간뇌에 자리 잡고 있으며, 복측피개영역과 흑질이라 불린다. 복측피개영역은 뇌의 보상 시스템에서 아주 중요한 구조물인 근처의 측좌핵★을 비롯한 뇌의 다른 영역들로 긴 뉴런들을 뻗치고 있다. 약물에 자극받아 다량의 도파민을 분비하는 것이 바로 이 도파민 영역의 뉴런들이다. 모든 약물 남용은 바로 이런 식으로 도파민을 증가시키고, 이렇게 늘어난 도파민은 더 많은 약물을 찾도록 말 그대로 뇌의 설정을 바꿔버린다.

개를 훈련할 때를 생각해보라. 우리는 개가 '앉아', '차가운 맥주 하나 가져와'처럼 우리가 원하는 일을 해낼 때 간식을 줌으로써 개의 그런 행동을 강화한다. 우리 뇌가 하는 일도 이와 똑같다. 이 시나리오에서는 우리가 개이고, 도파민이 우리 간식이라는 점만 빼면 말이다.

전체 뇌

그래서 우리가 약을 하고, 도파민이 분비된 다음에는? 중

★ 측좌핵은 중간뇌-변연계 경로(mesolimbic pathway[meso는 중간, limbic은 둘레라는 의미로 그냥 뇌 속의 위치를 묘사하는 용어다])에 딱 들어맞는다. 혹시 약물이 주는 행복감을 경험해본 적 있는가? 뇌 스캔 결과 약물을 사용했을 때 중간뇌-변연계 경로가 극도로 활성화되어 과열 상태에 이르면서 행복감을 만들어낸다는 걸 알게 됐다.

독은 단 하나의 목적, 바로 더 많은 약을 얻겠다는 목적만을 향해 움직이는 작용들의 조합이다. 약물을 구하는 최초의 행동 이후 뇌의 다른 부분들도 목적 달성에 참여하기 시작한다. 도파민은 한마디로 중독으로 들어가는 입구이지만, 우리의 중독된 뇌는 약물을 찾는 행동을 자발적인 것에서 강박적인 것으로 바꿀(그럼으로써 우리를 전형적인 중독의 영역으로 끌고 갈) 방법을 찾아내려 한다.

해마와 편도체도 일찌감치 이 과정에 동원된다. 기억과 감정을 통합하고 조정하는 일의 거물인 이 둘은 약을 하는 일에 대해 너무 강력하여 극복하기가 극도로 어려운 감정들을 만들어낸다. 본질적으로 이 두 영역은 뇌에게 약을 하는 것이 애초에 왜 좋은 일인지 알리기 위해 지난번 약을 했을 때 얼마나 기분이 좋았는지를 툭하면 다시 떠올리며 별점 5점을 주고, 그럼으로써 또다시 약을 하고 싶게 만든다. 이것이 약물로 유도된 도파민이 조건화 학습을 유도하는 방식이다. 즉, 뇌가 약물을 구하는 것이 좋은 일이라고 학습하고 시간이 지날수록 그것을 실제보다 더 의미 있는 일로 여기게 되며 결국에는 약물을 무엇보다 우선시하게 만든다는 뜻이다.

전두엽, 그중에서도 특히 전전두피질과 전방대상피질은

인지 조절의 상당 부분을 책임지고 있으며, 다음번 약물이 얼마나 끝내줄지에 관한 우리의 생각에 관여한다. 뒤에서 힘을 실어주는 해마와 편도체의 지원으로 더욱 기세등등해진 이 피질 부위들은 약을 더 하는 것이 왜 좋은 일인지에 관한 일종의 보고서를 작성해 대장인 **안와전두피질**에게 제출한다. 이는 뇌 앞쪽 눈 바로 뒤에 자리 잡고서 중요한 결정들을 내리는 작은 영역이다. 안와전두피질은 우리가 다음에 무엇을 할지에 관한 최종 결정권을 갖고 있으며, 이전의 모든 메시지를 종합하여 다시 약물을 하겠다는 결정을 내린다.

　이 모든 메커니즘을 통해 약물은 안와전두피질을 비롯한 뇌 영역들을 속여 나쁜 결정을 내리도록 몰아간다. 단순히 말해서 중독은 뇌의 기억과 욕망은 최고조로 증강되는 한편, 안와전두피질의 전문적 지식과 판단력은 약해진 상태이다. 약물은 뇌가 계속해서 더 많은 약물이 필요하다고 생각하게 만든다.

　도파민 보상 시스템에 관한 과학적 지식은 1990년대에 볼프람 슐츠Wolfram Schultz의 탁월한 연구에서 나왔다. 그는 도파민 뉴런들에서 나오는 전기신호를 관찰한 결과, 뇌가 기분전환 약물을 쓰면 도파민이 분비되리라고 예측하도록 학습한다는 것을 알아냈다.**17** 학습이 반복될수록 결국 우리는 다음 번에는 더 많은 약물이 있어야 똑같은 수준의 도파민을 만들 수 있게 된다. 이것이 뇌가 내성을 키워가는 방식이다.

약물이 뇌에 그렇게 강한 영향을 미치는 방식을 이해하면, 누구라도 (약물 중독뿐 아니라) 각종 중독에 취약해질 수 있음을 쉽게 알 수 있다. 중독과 관련해서는 우리가 중독된 대상이 무엇인지는 그리 중요하지 않다. 그보다는 뇌가 어떻게 우리로 하여금 약물을 우선시하게 만들며 분별 있는 판단을 내리지 못하게 하는지가 더 중요하다.

좋은 것에도 중독될 수 있을까?

이제 보상 회로에 관해 조금 더 알았으니, 그걸 우리에게 더 유리하게 활용할 수도 있다. 이를테면 뇌는 우리의 기대보다 좋았던 경험에 정말 잘 반응하므로, 우리 스스로 보상을 만들어낼 수도 있다. 복권을 샀는데 3만 원이 당첨되었다고 상상해보자. 이때 기분이 끝내주는 건 가외로 돈이 더 생겼기 때문만이 아니라, 당첨될 거라고 예상하지는 않았는데 당첨되었기 때문이다. 어떤 면에서는 깜짝 당첨 같은 느낌이 드는 것이다.

그러니까 만약 새로운 언어를 배워야 한다면(이제 우리는 언어를 배우는 게 뇌에 얼마나 도움이 되는지 잘 아니까), 공부하는 동안 자신에게 보상을 줘보자. 초콜릿 한 조각이라든지 그때그때 잡히는 대로 꺼내 먹을 수 있는 간식 상자를 마련해둔다든지 산책을 다녀온다든지 아니면 높은 다리 위에서 번지 점프를 하는 것도 좋다. 그러면 뇌를 놀라게 해 계속 신선함과 흥미진진한 자극을 유지할 수 있다. 특별히 더 열심히 공부했다면 자신에게 더욱더 좋은 보상을 주자. 이윽고 여러분의 뇌는 그 보상을 생각하는 것만으로도 도파민을 분비할 것이고, 여러분은 맛있는 초콜릿을 먹는 것만으로도 기분이 좋아질 것이다. 뇌과학이 알려주는 바에 따르면, 이를 계속 유지하면 여러분은 이윽고 보상만이 아니라 보상에 대한 자극(공부)에 대해서도 좋은 기분을 느끼기 시작한다. 말 그대로 열심히 공부하는 일에서 기쁨을 느끼게 된다는 말이다. 여러분이 관심 있을지도 모르니 이야기해보자면, 과학자들은 돈이 우리 뇌에서 보상으로 작용한다는 것도 보여주었다.[18] 뻔한 얘기처럼 들릴지 모르지만, 이는 진화의 관점에서 보면 예기치 못한 발견이다.

중독에 잘 빠지는 성격 같은 게 있을까?

약물 남용과 DNA 사이에 어떤 관계가 존재할 수도 있겠지만, 아직은 명백히 밝혀지지 않았다. 데이터를 보면 중독도 어느 정도는 유전될 수 있다. 그러나 엄밀히 따지면 중독을 초래한 유전적 변화가 세대를 넘어 전달되는 것으로 보이지는 않는다. 오히려 그런 유전적 변화는 개개인의 성격적 특징에 영향을 줄 가능성이 더 크고, 거기에 생활 방식이 더해지면서 더 예측 가능한 방식으로 중독을 초래한다.[19] 환각제 중독은 예컨대 코카인 중독에 비해 DNA의 결과일 가능성이 더 작다. 유전적 요소와 중독 사이에 어떤 유의미한 관계가 있는지를 밝히기란 무척 어렵다. 약물을 사용하는 모든 사람이 중독되는 것은 아니기 때문이다. 게다가 뇌는 흔히 본성 대 양육이라는 말로 표현되는 두 가지 유형의 영향에 민감하다. 다시 말해서 우리의 DNA(본성)는 몸속 세포들을 부호화하고 세포들에게 어떤 작용을 할지 명령하지만, 우리가 살아가는 방식(양육) 또는 본성과 양육의 상호작용 역시 그럴 수 있다. 몸은 외부 환경에 적응하기 마련이고, DNA에 담긴 유전정보가 발현된 뒤에도 DNA 자체에 또 다른 변화가 생길 수 있는데 이를 후성유전적 변화라고 한다.

담배를 피우는 일에 관해 생각해보자. 우리는 모두 암으로 이어질 수 있는 흡연의 위험성을 알고 있다. 흡연할 때 나오는 여러 화학물질은 체내의 일부 과정에 변화를 일으키며 암 발병 확률을 높인다. 이는 생활 방식(양육)의 영향이며, (유전적으로 더 취약한 사람이 있을 수는 있겠지만) 이 영향이 꼭 DNA에 새겨진다고 할 수는 없다. 약물 중독의 경우에는 약물 자체가 뇌세포에 변화를 일으킬 수 있다. 약물은 유전자를 끄거나 켤 수도 있다(유전자란 특정한 산물들을 부호화하는 DNA의 짧은 서열들이다). 이러한 유전자의 변화는 뉴런 내부에서 단백질 생산에 변화를 일으키고, 이는 다시 우리 몸이 약물에 반응하는 방식을 바꿔놓을 수 있다. 이런 현상이 도파민 보상 회로와 관련된 영역 중 하나인 측좌핵에서 누차 관찰되었다.

중독과 연관된 것으로 밝혀진 DNA 변화 중 다수는 도파민과 세로토닌 같은 신경전달물질의 기능과 관련하여 일어난다.* 앞에서도 보았듯이 신경전달물질 농도는 중독 경로에서 매우 중요한 역할을 하며, 여기에 생활 방식에서 온 행동 및 감정적 영향력까지 더해지면 신경전달물질을 정밀하게 조절하는 과정에 변화가 생길 수 있다. 그리고 이는 중독이나 충동성 같은 행동을 보일 가능성으로 이어진다.

전체적으로 볼 때 약물 중독에 유전적 요인이 존재하기는 한다. 하지만 이제 과학자들은 단순히 우리의 DNA가 지시하는 내용보다는 개개인이 약물에 어떻게 반응하는지가 더 중요하다는 것을 이해하고 있다. 결국 중독은 생활 방식의 아주 다양한 요소와 관련이 있으며, 이는 우리가 열심히 노력한다면 통제할 수도 있는 부분이다.

금단 증상은 왜 겪는 것일까?

이제 우리는 중독이 어떻게 시작되는지 안다. 또 증가한 도파민이 다른 영역들을 활성화하여 중독을 유지하게 만든다는 사실도 알게 됐다. 그렇다면 약물을 끊었을 때 금단 시기를 거치는 이유는 무엇일까?

금단 증상은 내성, 약물에 대한 신체의 의존 상태 등 여러 다양한 과정이 조합된 것이다. 약물을 남용하는 동안 인체는

★   모노아민 산화효소 A(MAOA) 유전자, 세로토닌 수송체(SLC6A4) 유전자 및 코르티코트로핀 방출 호르몬 수용체1의 유전자. 카테콜-O-메틸기 전달효소(COMT)는 도파민, 노르아드레날린 및 기타 카테콜아민을 대사한다. Met158 대립유전자와 Val158 대립유전자를 생성하는 COMT 유전자의 가벼운 변이는 메스암페타민 및 니코틴 중독 위험 증가와 관련된다.

변화에 저항하고 균형, 다시 말해 **항상성**을 유지하기 위해 스스로 적응한다. 그러니까 뇌는 도파민이나 기타 신경전달물질의 농도가 지속적으로 높을 때, 그 농도를 좀 더 관리하기 쉬운 정도로 낮출 수 있는 상태가 되도록 변화한다.★

이를 위해 뉴런은 그 약물이 결합할 수 있는 수용체의 수를 줄임으로써 변화를 꾀한다. 이는 각 뉴런의 활성화 정도를 통제하는 데 도움이 된다. 수용체 수가 줄어들면 약물은 수용체를 찾아서 뉴런을 활성화하기가 더 어려워진다. 이것이 만성 약물 사용자들이 시간이 갈수록 더 많은 양의 약물을 필요로 하는 이유다. 뇌가 그 약물에 익숙해지기 때문이다.

문제는 뇌가 더 높은 농도의 약물이 들어올 것을 예상하고, 그와 함께 도파민, 세로토닌, 노르아드레날린 같은 신경전달물질의 분비도 예상한다는 것이다. 실제로 뇌는 약물 투여를 예상하는 데 너무 능숙해진 나머지, 우리가 약물을 하려는 때가 언제인지까지 예측할 수 있다(예컨대 뇌는 약물 때문에 심박

★   별세포 같은 비뉴런세포들은 시냅스에서 도파민을 모을 수 있다. 또한 도파민 뉴런은 스스로 세포 수준의 변화를 일으켜 자가수용체(즉 그 뉴런 자체에서 분비된 도파민에 결합하여 피드백 고리를 형성하는 수용체)들을 상향 조절할 수 있다.

수가 높아질 거라고 예상하면 심장에게 속도를 낮추라고 지시하기도 한다).
이쯤 되면 뇌가 그 약물에 대한 신체적 의존성이 생긴 상태라
고 볼 수 있다. 즉, 뇌가 그렇게 작동하게 된 것은 약물이 들어
올 것을 미리 **예상하고**, 나중에 들어올 약물에 이미 의존하고
있기 때문이라는 말이다.

　　이런 상황에서 중독된 사람이 갑자기 약물 투여를 중단
해버리면 도파민 경로가 더 이상 자극되지 않고 뇌는 불시에
허를 찔린다. 뇌는 항상성을 유지하려 노력하므로, 약물이 들
어올 것에 대비하여 활성화 수준을 낮춰둔 상태다. 이럴 때
약물이 들어오지 않으면 그 결과로 신체에 금단 증상이 나타
나는 것이다.

　　이를 우리가 제일 좋아하는 밴드가 콘서트를 여는 상황
에 빗대어 생각해보자. 밴드는 수년간 연주 경력을 쌓아온 유
명한 밴드이므로 청중이 점점 더 늘어날 것이라 기대하고 있
었다(내성). 마침내 밴드는 공연이 매진될 거라고 생각해 전국
에서 제일 큰 경기장을 대관했다(의존성). 그러나 팬이 한 명도
나타나지 않으면(중독된 사람이 약물을 중단해버리면) 밴드는 뒤쪽
에 관객 몇 명만 있고 귀뚜라미 소리만 들리는 거대한 경기장
에 남겨지게 된다.

약물에 대한 신체적 의존성이 생긴 상태를 밴드의 사례로 설명하자면, 밴드가 연주를 하고 비싼 장소 사용료를 지불할 동기부여를 관객에게 의존하고 있는 것과 같다. 관객이 없으면 밴드는 기분이 처지고 별것 아닌 일에 짜증이 나고 연주할 동기를 잃는다. 약물 금단 증상으로 힘들어하는 사람들이 보이는 모습과 비슷하다.

오피오이드 opioid(아편과 유사한 마약성 진통제)를 끊었을 때의 금단 증상은 조금 다르다. 이 약물은 특히 뇌간에 있는 청반이라는 영역에서 수용체를 (활성화하는 게 아니라) 차단한다. 청반은 노르아드레날린을 분비해 호흡, 혈압, 주의력 수준 등을 조절한다. 오피오이드가 수용체를 차단하면 청반은 그 과정들을 조절하기 위해(호흡을 해야 살 수 있으니까) 더 많은 노르아드레날린을 내보낸다. 콘서트장 출입문이 잠겨 있어 팬들이 연주를 들으러 들어올 수 없는 상황과 비슷하다. 밖에서 못 들어오고 있는 이들까지 포함해 모든 이가 들을 수 있도록 밴드는 볼륨을 더욱 높여 연주할 수밖에 없을 것이다. 이것이 바로 청반이 하는 일, 노르아드레날린의 볼륨을 쭉 끌어올리는 일이다. 오피오이드 투여가 중단되어도 청반은 계속 다량의 노르아드레날린을 내보내고(밴드는 계속 연주하고), 그 결과 과잉 활성화를 초래하여 불안, 근육 경련, 위장 문제 등을 일으킨다. 그뿐 아니라 오피오이드는 앞에서 얘기한 도파민 보상 회로와도 상호작용하기 때문에 도파민 농도도 떨어뜨리는 결과를 낳는다.

그래도 결국에는 뇌가 사태를 파악하고 이후 몇 주나 몇 달에 걸쳐 수용체 수준의 균형을 회복하는 것을 비롯해 여러 작업을 진행한다. 그러는 동안 의사결정에서 큰 목소리를 내는 전두피질은 초과근무를 하면서까지 우리에게 갈망을 불어넣으려 노력하고, 그럼으로써 또다시 약물을 찾도록 부추긴다. 전두피질이 이 갈망 유발에 너무 깊이 관여하고 있기 때문에, 전두피질에서 분비되는 신경전달물질인 글루타메이트를 차단함으로써 그런 행동의 재발률을 줄일 수 있다.★ 재발은 애초에 중독을 초래한 것과 동일한 신호 때문에 일어날 수도 있고, 금단 증상을 멈추고 싶은 욕망 때문에 일어날 수도 있다. 이 때문에 중독에서 벗어나는 일은 더욱 어려워진다.

★ 글루타메이트를 차단하면 우리 뇌 속 보상 회로가 억제되고, (측좌핵과 편도체의 연결을 통해) 모든 금단과 관련된 부정적 감정과 생각이 강화된다. 세로토닌과 GABA(감마아미노부티르산)도 뇌의 금단 회로에서 중요한 역할을 담당한다.

※

머리를 맞으면 정말로 기억을 잃을까?

머리를 맞고 기억상실증에 걸리는 것은 일일이 다 열거하고 싶지 않을 만큼 많은 드라마와 영화가 플롯으로 삼은 이야기다. 그런데 정말로 머리에 타격을 가하면 최근 일을, 심지어 자신이 누군지도 잊게 될까?

스포일러 나가니 조심하란 말씀 먼저 전하면서, 적어도 후자는 사실이 아니다. 머리에, 즉 뇌에 생긴 외상 때문에 자신이 누구인지 잊게 되는 일은 여간해서는 없다. 텔레비전 드라마 소재로는 괜찮을지 몰라도 실생활에서 일어나는 일은 아닌 것이다. 반면 머리 부상 시점과 가까운 시기에 일어난 사건에 관한 기억을 잃는 일은 흔하다. 물론 이를 소재로 한 텔레비전 드라마는 창작 면에서 심하게 자유재량을 남발하기는 하지만 말이다.

외상성 뇌 손상의 경우, 어느 정도 기억상실이 발생하는 것이 일반적이다. 기억을 잃는 것은 환자들이 호소하는 가장 흔한 문제 중 하나이며, 사라진 기억이 돌아오기까지 시간이 좀 걸릴 수 있다. 부상 당시와 관련된 기억이 끝내 돌아오지 않는 일도 종종 있다.

이런 유형의 기억 상실을 **후향 기억상실**(사건 전 기억상실)이라고 하며, 보통 부상 이전 6~24시간 사이에 일어난 일을 기억하지 못한다. 머리에 부상을 입으면 두개골 내부에서 뇌가 물리적 충격을 받아 뇌세포들이 죽으면서 장기 기억을 형성하는 신경 과정의 속도가 떨어진다. 세포 사멸 자체는 대체로 뇌 내부에 생긴 염증의 결과로, 최초에 일어난 외상성 뇌 손상에서 오는 부차적인 반응이다. 염증이 발생하는 것은 여러 역할 중 특히 뇌의 면역세포 역할을 하는 수십억 개의 **미세신경교세포** 때문이다. 염증은 뉴런을 공격하고 뇌가 제 역할을 하는 데 필요한 과정들을 교란한다. 기억상실을 일으킨 외상성 뇌 손상을 MRI로 스캔해보면 기억을 생성하고 저장하는 데 중요한 부분인 측두엽과 전전두피질의 일부에 손상이 생긴 것을 볼 수 있다.[20]

이런 유형의 뇌 손상으로 고통받는 사람들은 경우에 따라 새로운 기억을 만드는 일에도 문제가 생겨(**전향 기억상실**) 약속이나 새로 만난 사람을 기억하지 못하는 일도 있다.

　한편 기술 및 습관 학습에 대한 무의식적 기억인 비서술 기억도 손상될 수 있다고 믿는 뇌과학자들도 있다. 그렇다면 이는 곧 자전거 타기나 그림 그리기 등에서 원래 자신이 갖고 있던 기술 수준에 다시 도달하기가 어려워질 수도 있다는 말이다. 이런 기술들에는 머리 뒤쪽에 있는 소뇌 등 뇌의 다른 영역들도 관여한다. 현 단계에 이 가설은 일부 사례를 근거로 한 것일 뿐 비서술 기억 손상이 통상적으로 발생한다는 것을 증명한 연구는 아직 없다.[21]

　그러니까 머리에 타격을 입으면 어느 정도 뇌 손상이 생길 수 있고 그 때문에 더 이상 장기 기억을 만들지 못할 수도 있다. 최근 생긴 기억들은 끝까지 완전히 돌아오지 못할 수도 있지만, 그래도 뇌는 분명 회복하며 얼마 지나지 않아 다시 행복한 기억들을 만들기 시작할 것이다.

✳

잠은 무엇이며, 왜 잠을 자는가?

잠을 자는 것은 (특히 어떤 사람들에게는 유달리) 자연스럽고 쉬운 일처럼 보이지만, 다양한 뇌 영역에 있는 뉴런들과 거기서 분비되는 신경전달물질 사이의 정밀하고 복잡한 작용으로 이루어진다. 과학자들 사이에서는 우리가 잠을 자는 이유에 관한 논쟁이 오늘날까지도 여전히 진행 중이지만, 뇌가 하루 동안 경험한 정보와 감정을 정리하고 처리하며 다음 날을 위한 신경전달물질을 마련해두는 시간으로 사용된다는 점은 일반적으로 받아들여지고 있다.

우리 뇌 내부에는 우리가 잠드는 시간 그리고 잠들어 있는 시간의 길이를 통제하는 시계가 존재한다. 이 시계는 시상하부 내 **시교차상핵**이라는 곳에 자리 잡고 있다. 이곳은 우리의 수면-각성 주기뿐 아니라 체온을 조절하고 배가 고프면 밥 먹을 때가 되었다고 알려주며 매일의 유전자와 단백질 상황을 조절하고 통제한다. 이 조절 주기는 짐작할 수 있듯 24시간이다. 그러나 지금은 수면 부분에만 초점을 맞추자.

시교차상핵 속 뇌세포들은 우리 눈을 통해 주변의 자연 광량에 관한 정보를 수신한다. 이 정보를 받는 낮 동안은 시교차 상핵이 **솔방울샘**(귀 바로 위에 있는 작은 영역)의 멜라토닌 호르몬 생산을 억제할 수 있다. 햇빛이 없을 때는 멜라토닌이 생산되고 분비되면서 우리 뇌에게 밤이 오고 있다고 알려준다. 해가 지자마자 우리가 갑자기 잠들어버리지 않는 것은 우리에게 음식이나 특정 활동 같은 다른 신호들도 있기 때문이다. 우리 뇌가 이제 잠잘 시간이라는 걸 알게 되면 멜라토닌이 증가하기 시작하고 그로부터 2시간이 흐르면 멜라토닌 농도는 정점에 이른다.

아침에 알람 시계가 울리지 않아도 규칙적인 시간에 잠에서 깼던 적이 있는가? 우리가 잠에서 깨는 시간도 멜라토닌 농도가 결정한다. 그러니까 매일 아침 같은 시간에 깬다면 그건 여러분의 멜라토닌 주기가 여러분에게 완벽하게 조율되어 있음을 의미한다.

'하루 주기 리듬'이라고도 하는 수면-각성 주기는 단순히 정해진 시간에 깨는 것보다 더 중요한 의미를 지닌다. 수면의 질이 낮고 지속 시간이 짧으면 고혈압과 심혈관질환을 유발할 수 있다.[22] 더욱 심각한 것은 수면과 알츠하이머병의 관계다. 우리 뇌 속 시계를 잘 조절하지 못하면 알츠하이머병 증상에 영향을 줄 수 있다는 말이다.[23] 과학자들이 아직 제대로 알아내려 노력 중이기는 하지만, 알츠하이머병 자체가 수면 패턴 변화를 초래하기도 한다. 이는 수면과 이 병이 어떤 식으로든 서로 얽혀 있다는 점 그리고 수면이 우리 뇌에 대단히 중요하다는 점을 보여준다.

그렇다면 빛이 너무 많거나 어둠이 너무 오래 지속되는 곳에서 살면 어떤 일이 일어날까? 북극권의 일부 지역에서는 한 번에 몇 달씩 어둠이 계속되지만 거기서도 사람들은 어떻게든 살아남는다. 이는 우리 뇌가 햇빛 외에도 다른 많은 신호들을 활용하여 하루 주기 리듬을 조절한다는 생각을 뒷받침해준다. 하지만 연구 결과는 분명 지속적인 빛이나 어둠은 감염에 맞서 싸우는 능력을 떨어뜨리고 건강의 위험 요소로 작용할 수 있다고 말한다.[24]

뇌파란 무엇인가?

과학자들은 우리가 자는 동안 뇌를 관찰해 뇌파 패턴이

일정한 순서대로 나타난다는 것을 알아냈다. 뇌파란 몇 개의 뉴런이 아니라 전체 뇌에서 일어나는 발화의 패턴이다. 뇌가 일하면서 부르는 일종의 노래 같은 거랄까. 뇌가 아주 활발할 때는 노래도 빠르고 정신없지만, 뇌가 졸릴 때는 노래도 느리고 부드러운 재즈 곡조처럼 속도가 떨어진다. 뇌파는 헤드셋을 사용해 포착할 수 있으므로 이를 통해 뇌 활동을 모니터링할 수 있다.

우리가 깨어 있어서 뇌가 바짝 경계하고 주의를 기울이고 있을 때는 전압은 낮지만 주파수는 높은 베타파가 생성된다. 베타파는 뇌가 일상적인 일들을 처리하고 있을 때 배경에 깔리는 콧노래 같은 것이다. 우리가 자려고 할 때 뇌의 발화는 알파파(주파수가 높고, 꼭대깃값이 더 규칙적으로 나타난다)로 바뀐다. 그렇게 일단 나른해져서 얕은 잠(비렘수면)에 빠져들 때 뇌는 더 부드럽고 차분한 노래를 부르기 시작하여 델타파로 나타나는 패턴을 만들어내다가 더 깊은 잠으로 빠져든다. 길고 느린 델파타는 뇌가 렘수면으로 빠질 때도 관찰되지만, 꿈을 꿀 때는 세타파와 함께 나타난다. 델타파는 밤에 연주되는 느리고 부드러운 재즈곡 같다.

렘수면 대 비렘수면

과학자들은 렘수면(급속 안구 운동 수면)과 비렘수면을 통해 수면 단계를 구분한다. 그들은 각 수면 단계에서 우리 눈의 움직임을 참고한다. 깊은 렘수면은 우리가 꿈을 꿀 때 눈이 빠르게 움직여서 붙은 이름이다(비렘수면에서도 꿈을 꾸기는 하지만, 렘수면 도중에 깨웠을 때 꿈을 기억하는 확률이 더 높다). 뇌는 밤새 렘수면과 비렘수면 사이를 순환하며 보통 하룻밤에 3~5회, 약 90분의 렘수면을 한다. 잠이 왜 이런 식으로 이루어지는지 아직 완전히 알지 못하지만 우리가 렘수면을 취하지 못하면, 특히 몇 주나 몇 달 계속해서 그렇다면 정신건강에 영향을 받을 수 있다는 것만은 분명하다.

뇌는 어떻게 얕은 잠에서 깊은 잠으로 넘어갈까?

뇌에서 아주 오래된 영역 중 하나인 시상하부에서 나오는 신경전달물질의 도움으로 뇌는 얕은 잠에서 깊은 잠으로 넘어간다. 시상하부는 호르몬 생산, 신체 조절(항상성), 수면 등 여러 가지 일을 맡고 있다. 시간이 지나면서 우리는 뇌가, 특히 시상하부가 그 속에 여러 작은 영역들을 품은 채 구획화되어 있다는 것을 알게 되었다. 그래서 과학자들은 그 각각의 영역에 아주 긴 이름을 붙여놓았다. 이제 심각한 과학 용어들이 좀 나올 테니 마음을 단단히 먹자.

우리 뇌의 각 부분이 잠자라는 지시를 받았을 때 정말로 자는지 확실히 해두려는 감독관이 있다. (그 앞에서 밤새 드라마를 몰아보는 일은 있을 수 없다!) 이 감독관의 이름은 복외측시각교차전핵이며 시상하부의 앞쪽 부분에 자리 잡고서 훌륭한 감독관답게 일한다. 그러니까 다른 누군가에게 일을 위임하는 것이다. 피치 못할 사정이 있는 게 아니라면 왜 굳이 일을 혼자 도맡아 하겠는가?

복외측시각교차전핵은 다른 세포들에게 오렉신(신경펩타이드 유형의 신경전달물질) 분비를 중단하라고 명령한다. 사실 이건 아주 영리한 일인 것이, 오렉신은 우리 뇌에서 많은 일을 하기 때문이다. 좀 일벌레 같다고나 할까. 오렉신은 우리를 깨워두기 위해, '각성' 신경전달물질(노르아드레날린, 세로토닌, 도파민)이 분비되게 해 뇌를 흠뻑 적셔 우리가 각성 상태를 유지하도록 만든다. 하지만 복외측시각교차전핵이 오렉신을 줄였기 때문에 오렉신은 우리가 깨어 있도록 돕는 일을 더 이상 할 수 없게 되고, 그리하여 균형은 수면 상태에 더 가까운 쪽으로 기울어진다. 이것이 우리가 비렘수면이라 부르는 상태다.

아까도 말했듯이 오렉신은 일하는 걸 워낙 좋아하기 때문에 그리 오랫동안 남의 명령에 휘둘린 채 가만있지는 않는다.★ 이제 오렉신은 **교뇌피개**pontine tegmentum라는 뇌의 다른 부분으로 길을 찾아 나선다. 여기에 도착한 오렉신은 뇌세포들에게 아세틸콜린이라는 중요한 신경전달물질을 내보내라고 지시하고, 그러면 우리는 평화롭게 렘수면 단계, 즉 깊은 수면 단계로 서서히 빠져든다. 이와 동시에 시상하부에서 히스타민을 분비해 우리를 깨어 있게 하는 결절유두핵이 훨씬 조용한 상태로 들어간다. 히스타민 농도를 떨어뜨려 우리를 렘수면에 머물게 하는 것이다.

신경전달물질의 균형에 변화를 주는 의약품을 써서 잠이 온다고 느끼도록 뇌를 속여 이 과정을 바꿀 수도 있다. 또한 정반대로 우리가 더 바짝 깨어 있다고 느끼게 작용하는 약품도 있다(코카인 같은 기분 전환 약물이 이 일에 아주 능하다). 일부 항우울제는 노르아드레날린이나 세로토닌을 증가시키는데, 이

★   오렉신을 줄이는 것은 청반의 뉴런들을 자극할 오렉신의 능력이 제한됨을 의미한다. 청반은 노르아드레날린을 만들어 뇌의 여러 지역으로 보내 우리가 더 각성된 상태가 되도록 돕는다. 청반의 노르아드레날린 분비를 막으면 그 후속 효과로 뇌간의 솔기핵에서 분비되는 세로토닌의 양도 준다.

는 렘수면의 지속 시간에 영향을 미친다. 이는 명심해야 할 사실이다. 우리 뇌가 종일 얻은 정보를 처리하기 위해서도 렘수면이 필요하며, 앞에서도 말했듯이 우리에게는 렘수면이 필수적이기 때문이다.

　여기서 중요하게 짚고 넘어갈 점이 있다. 수면-각성 주기에서, 특히 얕은 잠(비렘수면)에서 깊은 잠(렘수면)으로 넘어가는 과정에서 우리 뇌 속 신경전달물질의 작용이 두말할 나위 없이 중요하지만, 그것만으로 그림이 완성되진 않는다. 뇌과학자들은 다양한 뇌파와 기억 활성화, 꿈 등을 관찰할 수 있어서 수면에 관해 많이 알고 있고 우리가 자는 동안 어느 뇌 영역이 활발한 상태로 남아 있는지도 알지만, 아직 밝혀내지 못한 것도 많다. 신경전달물질 농도의 변화만으로 모든 걸 설명할 수는 없다. 그러니 이 변화가 수면에 필수적이기는 하지만, 우리가 왜 그리고 어떻게 잠을 자는지에 관해서는 여전히 더 많은 연구가 필요하다.

온도가 잠에 미치는 영향

　약물만이 수면에 영향을 주는 것은 아니다. 시상하부에 있는 전방시상하부 시각전구역은 온도 변화에 민감하다. 이 영역의 뇌세포들은 따뜻하고 아늑할 때나 뜨거운 목욕을 할 때 더 쉽게 활성화되고, 뉴런을 억제하는 신경전달물질 가바를 분비하여 졸음을 느끼도록 돕는다. 이는 가바가 우리를 깨어 있게 하는 뇌 영역들을 억제하기 때문이다. 우리가 적당하다고 여기는 취침 시간보다 한 시간쯤 전에 따뜻한 목욕을 하는 것이 자연적인 하루 주기 리듬과도 잘 맞아서 가장 효과적이다. 다음번에 난로 앞에서 잠들 때는 그것이 뻔뻔한 시상하부 때문임을 알아차리자.

따뜻할 때 더 쉽게 잠든다면 추울 때는 더 잘 깨는 것이 이치에 맞는다. 실제로 전방시상하부 시각전구역은 우리가 추위를 느낄 때 정신이 바짝 들게 만드는 일도 한다. 수천 년 전에는 우리가 따뜻하고 얼어 죽을 위험이 없는 상태였다면 경계를 풀고 잠들어도 안전했을 것이다. 그런 상태였다는 건 아마도 잠자는 동안 어슬렁거리는 포식자들이 접근하지 못하게 할 불 가까이에 있었다는 뜻일 터이다. 만약 추운 환경에서 잠든다면 당연히 체온도 떨어졌을 테고, 이는 목숨을 위태롭게 할 수도 있는 일이다. 그러니 우리 뇌는 추울 때면 우리가 더 주위를 경계하고 활동적이기를 원했을 것이다. 자연이 우리가 따뜻한 거품 목욕물 속에서 긴장을 풀 거라고 예상하지는 않았겠지만, 그런들 어떤가. 어쨌든 여전히 효과가 있는데.

마취는 잠자는 것과 같을까?

병원에서 수술을 받을 때 쓰는 마취제는 우리를 잠재운다. 아주 짧은 시간이 지난 것 같다고 느끼며 마취에서 깨어나면 모든 게 끝나 있다(이제 여러분에게는 로봇 팔이 달려 있거나 아니면 뭐든 수술로 인한 변화가 생겨 있다). 이럴 때 우리는 재워졌다고 말하는데, 그게 정말 잠일까? 만약 내가 침대에서 곤히 자고 있을 때 누가 나에게 수술을 하려 한다면 나는 비명을 지르며 깨어나 경악하며 깊은 혼란에 빠질 거라고 장담할 수 있다. 전신마취는 잠과 매우 유사하지만, 그것은 깨워도 깰 수 없는 아주 깊은 잠이다.

병원에서 매일 전신마취가 이루어지고 꽤 안전하다는 기록도 보유하고 있지만, 우리는 마취가 작동하는 원리를 정확히 알지는 못한다. 뇌 중간에 있는 중요한 부위인 시상의 활동을 감소시킨다는 마취의 작용 일부는 알고 있다. 시상은 한마디로 몸과 뇌 사이의 문지기이다. 우리가 뇌에 메시지를 전달하려면 시상을 통과해야 한다. 전신마취 상태일 때 시상은 몸에서 오는 정보(예를 들면 수술 중의 통증)를 멈춰 세우고, 다른 뇌 부위들과 나누던 의사소통도 멈춘다. 이 예시에서 우리가 통증을 느끼게 만드는 것은 두정엽에 있는 체감각피질일 것이다. 전신마취는 전전두피질의 활동도 감소시키는데 이로 인해 우리는 벌어지고 있는 일을 (다행히도) 의식적으로 인지하지 못한다.

펜토바르비탈이라는 약물은 복외측시각교차전핵(시상하부에 있으면서 우리를 잠들게 하는 부위라는 걸 기억할 것이다)을 활성화하며, 뇌의 히스타민 분비를 멈추어 우리가 깨어나는 것을 막는다. 이소플루레인이라는 또 다른 전신마취제는 수면에 관여하는 우리의 작고 성실한 일꾼인 오렉신 뉴런을 억제한다. 뇌에서 일어나는 일은 이 메커니즘만이 아니지만, 우리는 아직도 마취제가 우리에게 그렇게 강력한 힘을 발휘하는 정확한 이유를 모른다.

수면마비 중에는 무슨 일이 일어나는가?

수면마비(가위눌림)는 잠든 직후 아니면 깨어나기 전에 일어나는 이상하고 때로는 무섭기까지 한 경험이다. 수면마비 중에는 몸을 움직일 수 없고, 어떤 사람은 가슴을 짓누르는 압력이나 자기가 아래로 떨어지고 있는 느낌을 받기도 한다.

아마도 최악은 방안에 자기 말고 다른 사람이 또 있는 것 같은 느낌일 것이다.

우리가 잠자고 있을 때 뇌간은, 깨어 있을 때라면 우리를 움직이게 만들 메시지가 몸으로 가는 것을 막는다. 이는 자는 동안 꿈의 내용을 실제 행동으로 옮겨서 다치는 일이 없게 하기 위함이다. 수면마비에서 일어나는 일은 뇌가 정상적인 수면 단계들 사이를 적절히 옮겨가지 못해서 벌어지는데 이때 우리는 잠과 깸 사이 어딘가에 놓인다. 최근의 한 연구는 수면마비 중에 경험하는 가벼운 환각(예컨대 누군가 침실 문을 여는 듯한 환각)은 사실은 정상적인 수면에서 벗어난 상태에서 경험하는 꿈일 거라는 의견을 제시했다.[25] 전두피질은 평소보다 더 각성되어 있는 상태에서, 감정중추와 시각중추는 우리가 위협받고 있는 상황이라 느껴 꿈 같은 환각으로 풀어낼 때 수면마비가 발생한다는 설명이다.

수면마비는 오싹한 경험이다. 그러나 수면마비가 시차증, 불안, 수면발작 등과 상관관계가 있음이 알려져 있으니 그런 상태를 해결하거나 치료하면 수면마비의 빈도를 줄이는 데 도움이 될 것이다.

✸

꿈이란 또 무엇이며, 왜 꾸는 걸까?

잠이 무엇이며 우리에게 왜 그렇게 잠이 필요한지 조금 알게 되었으니, 이제 잠을 자는 동안 무슨 일이 일어나는지 이야기 하기 좋은 때 같다. 음, 그러니까 여러분의 소중한 테디베어를 안고 수면을 취하는 일 얘기가 아니라, 꿈 얘기다.

꿈은 우리가 상상의 삶을 펼쳐내는 곳이다. 우리가 날아 다니며 이상한 장소들을 찾아 다니거나 때로는 이유도 알 수 없이 문간에서 동요를 부르며 깔깔대 오싹하게 만드는 작은 여자아이가 있는, 바로 우리의 악몽이 펼쳐지는 곳!

누구나 한번쯤 꿈을 꿔보았을 것이다. 꿈은 자는 동안 일어나는 생각과 감각이다. 우리가 꿈을 꾸는 이유는 아직 완전하게 밝혀지지 않았다. 오랜 세월 동안 꿈을 꾸는 이유에 관해 여러 의견이 제시되었다. 어쩌면 꿈은 우리의 무의식적 마음을 들여다보는 창문일 수도 있고, 우리 마음이 사회적 결과를 걱정할 필요 없이 비밀스러운 욕망을 실행에 옮기는 방법일 수도 있다. 이는 실제로 한 연구에서 증명되었다. 최근 니코틴을 끊은 사람들을 모집해 실시한 연구[26]에서 금연 뒤 몇 달 동안 거의 모든 사람이 흡연하는 꿈을 꾸었으며 이 꿈은 시간이 갈수록 더 잦아졌다고 보고했는데, 아마도 이는 뇌가 계속 금단 증상을 겪고 있었기 때문일 것이다.

꿈을 꾸는 이유에 관한 가장 명확한 의견은, 뇌가 그날 경험한 기억과 감정을 처리하여 장기 저장소에 넣어둘 시간이 필요하다는 것이다.[27] 잠자는 사람의 뇌를 들여다보면 기억을 담당하는 해마와 기억에 감정적 맥락을 부여하는 전방대상피질이 유난히 활성화되어 있는데, 이 점을 봐도 저 주장은 더욱 말이 된다. 실제로 우리 뇌는 새로운 경험을 많이 한 날이면 일주일이 지난 밤까지도 그 정보를 계속 처리하고 있을 수 있다. 이는 스트레스를 잔뜩 안겨주는 감정적인 사건들이 수면의 질에 상당한 영향을 끼치는 이유도 어느 정도 설명해준다.

한 연구팀은 사람들에게 자기 전 몇 시간 동안 비디오게임을 하게 하여 이 사실을 증명했다.[28] 60퍼센트가 넘는 사람이 그 게임에 관한 꿈을 꾸었다고 보고했는데, 이는 꿈을 꾸는 동안에 단기 기억이 유난히 활성화된다는 것을 말해준다.

꿈속 사건들은 최근에 경험한 단기 기억과, 그 기억과 관련이 있어서 서로 연결할 필요가 있다고 판단한 장기 기억의 조합으로 볼 수 있다. 이런 생각은 잠과 꿈이 기억을 해마의 단기 보관실에서 뇌 전체에 퍼져 있는 장기 보관실로 옮기는 데 도움을 준다는 견해도 뒷받침한다. 이 이동은 대부분 비렘수면 동안 벌어지며 그 기억에 감정적 맥락을 부여하는 일, 즉 그 기억이 어떤 감정을 불러일으킬지를 결정하는 일은 깊은 수면 단계인 렘수면 동안 일어난다.

뇌의 일부는 자고 있는데 또 다른 일부는 자고 있지 않을 때 우리는 이를 기이한 현실처럼 경험하는데, 바로 이것을 꿈이라 부른다. 재미있게도 꿈의 의미와 상징을 더 깊이 파고들다 보면 꿈에 관한 더욱 추상적인 지식을 얻게 되는데, 이 중 내가 특히 흥미롭게 여기는 이론이 있다.

세계적으로 유명한 꿈 전문가 루빈 나이만Rubin Naiman은 우리가 꿈을 완전히 잘못된 방식으로 보고 있는지도 모르며, 사실 꿈은 우리가 종일 경험하는 생각과 과정의 부분집합이라고 본다.[29] 꿈이 우리가 깨어 있는 동안 경험한 것들과 특별히 다르거나 특이한 게 아니며 밤하늘의 별들에 관해 이야기하는 방식으로 꿈에 관해서도 말하는 게 맞을 거라는 주장이다. 꿈도 별처럼 언제나 그 자리에 존재하지만 우리가 밤에만 알아본다는 것이다. 그런데 만약 이 말이 맞는다면, 그래서 우리가 사실은 낮이든 밤이든 꿈꾸기를 전혀 멈추지 않는 것이라면, 그렇다면 나는 지금 왜 태양의 표면에 앉아 분홍색 튀튀를 입고 이 책을 쓰고 있지 않을까? 우선 분홍색 튀튀는 지금 세탁소에 가 있기 때문이기는 한데, 태양의 표면은……. 결국 우리가 깨어 있을 때 이런 황당한 꿈을 꾸지 않는 것은 다 우리의 전전두피질 덕분이다. 앞에서도 말했듯 이마 바로 뒤에 있는 전전두피질은 논리, 계획, 집중 그리고 전반적인 집행 기능을 담당한다. 기본적으로 뇌에서 아주 똑똑한 부분이라 할 수 있다. 그런데 자고 있는 동안에는 뇌에 특정 신경전달물질들의 농도가 평소보다 낮아서 보충할 필요가 생기고, 여기에 전전두피질까지 잠들어버리면 우리가 깨어 있을 때처럼 뇌가 온전히 작동하지 못하는 상황이 벌어지는 것이다.

뇌가 논리를 무시하고 우리의 경험들을 분석하는 것이 꿈이라고 생각해보자. 우리가 자는 동안 시각피질은 상당히 활발하게 활동하며 그날 본 이미지들을 처리하느라 매우 분주하다. 이때 뇌는 별 억제가 없는 상태여서 더 추상적이고 창의적으로 생각할 수 있으며 이미지와 은유를 사용해 개념들을 표현한다.**³⁰** 꿈속에서 종종 과장된 장면과 사건이 등장하는 건 이 때문이다. 하지만 꿈속에 있을 때 우리는 (전전두피질이 잠들어 있으므로) 그 꿈이 기이하다는 걸 눈치채지 못한다. 실제로 우리는 꿈에서 깨어나는 시점에야 온갖 것들이 정말 이상했다는 걸 깨닫는다.

악몽

이렇게 꿈은 설명된 것 같은데, 그렇다면 악몽은 어떨까? 과학자들은 악몽에 진화와 관련된 목적이 있으며, 어떤 시점에서는 악몽이 우리에게 유용했으리라고 생각한다. 앞으로 닥칠 위험이나 걱정거리를 미리 바짝 경계하게 함으로써 그냥 무시하고 넘기지 않도록 진화했을 가능성이 높다고 본 것이다. 예를 들어 우리 공동체가 언젠가 공격을 당한 적이 있다면 그런 일이 또 일어날 수도 있고 근처에 사자가 어슬렁거리는 모습이 자주 보였다면 잡아먹힐 수도 있으니 신경을 집중해야 했을 것이다. 스트레스와 걱정거리에 관해 꿈을 꾸는 것은 뇌가 그로 인한 감정들을 처리하고 위험에 주의를 계속 기울이게 만드는 방법이다. 그래서 악몽을 꾸는 것이다.

편도체는 공포에 관여하는 뇌의 핵심 영역으로 우리는

편도체 덕에 무서운 사건을 더 잘 기억한다. 과학자들은 사람들이 악몽을 꿀 때 이 편도체의 활동이 증가하는 것을 관찰했다. 이때 전전두피질이 전반적으로 잠들어 있다는 사실까지 더해지면 이 무시무시한 현실을 통제할 수도, 논리적으로 해명할 수도 없게 된다. 그리하여 악몽이 탄생하는 것이다.[31]

자각몽

꿈을 우리에게 유리한 쪽으로 활용할 가능성도 있다. 자각몽을 꾸는 것, 그러니까 실제로 꿈을 꾸고 있으면서 자신이 꿈속에 있음을 의식하는 것은 아주 흥미진진한 현상이다. 리어나도 디캐프리오가 출연한 영화 《인셉션》과 비슷하다고 생각하면 되겠다. 이 영화에서는 자신이 꿈을 꾸고 있다는 걸 알면 원하는 대로 그 꿈을 바꿀 수 있다. 자각몽 현상을 처음으로 인지한 것은 40여 년 전이며, 이후 수십 년 동안 연구했지만 우리는 아직도 왜 자각몽이 생기는지, 왜 어떤 사람들은 유난히 자각몽을 더 많이 꾸는지 완전히 설명하지 못 한다.

추산에 따르면 전체 인구 중 약 50퍼센트의 사람이 가끔 자각몽을 경험하며, 20퍼센트는 달마다, 아주 소수는 거의 매일 꾼다고 한다.[32] 확실한 점은 자각몽을 꾸는 사람은 전전두

피질이 훨씬 더 많이 활성화되어 있다는 것이다. 자각몽을 꾸
는 동안 전전두피질은 뇌의 다른 영역에도 영향을 미치며 측
두엽으로 더 많은 신호를 보내기 시작하는데, 이것은 기억을
생성하고 저장하는 데 핵심적으로 중요한 일이다. 악몽을 줄
이기 위한 한 소규모 연구에서는 자각몽을 꾸는 사람은 악몽
을 꾸는 것을 막거나 악몽을 꾸는 동안 괴로움을 제한할 수도
있다는 사실도 발견했다.[33]

　　자각몽을 꾸는 이유는 집행 기능을 담당하는 뇌의 특정
영역들 사이의 연결성이 더 증가했기 때문이다.★ 달리 표현하
면 우리가 잠자고 있을 때 뇌의 똑똑한 영역들이 나머지 영역
들에게 일반적인 수준 이상으로 말을 많이 건넨다는 뜻이다.
뇌 스캔에서는 이런 연결성을 확인했지만, 과학자들이 자각
몽을 자주 꾸는 사람들과 대화를 나누었을 때 그들에게서 특
별히 다른 점이 발견되지는 않았다. 자각몽을 꾸는 사람이든
보통 꿈을 꾸는 사람이든 기억력과 주의력 수준에는 별 차이

　　★　측두-두정부의 영역들, 구체적으로 전방전전두피질-모이랑-중간
측두이랑 사이의 연결성을 말한다. 사실 이 연결은 기억, 주의, 공간인지 그리
고 감각 정보의 처리에 관여하는 회로를 더 정확하게 풀어 쓴 것이다.[34]

가 없었고 몽상을 하는 정도도 비슷하다는 결과가 나왔다.

평범한 꿈을 꾸는 사람이 어떤 식으로든 자각몽을 꾸도록 할 수는 없을까? 아세틸콜린이라는 신경전달물질이 렘수면과 전반적인 뇌 신호를 조절하는 데 깊이 관여하므로, 밤에 우리 뇌 속의 아세틸콜린 양을 바꾸면 자각몽을 유발하는 것도 가능하다. 스티븐 라버지Stephen LaBerge와 동료들은 아세틸콜린을 증가시키는 약물 갈란타민이 자각몽을 꿀 확률을 40퍼센트 이상 높인다는 것을 발견했다.[35] 현재로서는 그 약으로 인한 자각몽이 자연적인 자각몽과 같은 것인지 확신은 못하지만, 앞으로는 이 방식이 예측 가능성을 높이면서 자각몽을 연구하는 좋은 방법이 될 것이다.

꿈이 나를 위해 일하게 하려면

실제로 자각몽 속에 들어간다면 정말 재미있지 않을까? 그러면 꿈속 사람들에게 말을 걸어 꿈속에 있는 것이 어떤 느낌인지 물어보고 그 정보를 활용해 우리 자신을 더 높은 수준에서 이해할 수도 있지 않을까? 이 기법을 활용해 자신의 무의식에게 말을 거는 일도 가능할까? 혹시 자각몽을 꾸게 된다면 자유롭게 이런 시도를 해보길 권한다.

　자각몽을 다른 사람과 함께 꾸게 해주는 장치가 존재한다면 여러분은 믿겠는가? 2012년에 뇌전도 장치로 사회적 꿈꾸기social dreaming를 유도하려는 시도가 있었다. 두 사람이 각자 (인터넷에 연결된) 기기를 착용하고, 1번 수면자가 꿈을 꾸기 시작하면 2번 수면자의 침실 컬러 전구에서 불이 들어오게 한 것이었다. 충분히 연습하면 2번 수면자는 잠을 자는 도중에도 그 빛을 알아차리고서 눈이나 손가락으로 미세한 동작을 취할 수 있게 되고, 그의 뇌 활동을 감지하여 다시 1번 수면자에게 보낸다. 수면자들은 각자 침실에 자신의 전구를 갖고 있고, 이 전구가 그들이 꾸는 모든 꿈속에서 자각 상태가 되도록 촉발한다. 그 불빛은 자다가 듣게 되는 알람 시계 소리와 비슷한데 우리는 그 소리를 (이 경우에는 그 빛을) 어떻게든 자신의 꿈속에 통합하게 된다.

　각 수면자는 자신이 꾸던 꿈속에서 자각 상태가 됨으로써 그 신호를 인지하게 된다. 당시 고안한 헤드셋 장치로는 두 사람이 직접 상호작용할 수는 없었지만, 다른 수면자에게 자신의 뇌파 신호를 보내 그들의 꿈에 영향을 준다는 생각은 충분히 멋진 개념이었으며, 사회적 꿈꾸기 연구의 주목할 만한 출발점이었다.

꿈꾸는 사람에게 메시지를 보내는 것이 첫걸음이었다면 최근 캐런 콘콜리^{Karen Konkoly}와 동료들은 둘째 걸음, 그것도 아주 큰 걸음을 내디뎠다.[36] 콘콜리 연구팀은 수면 연구실에서 한 무리의 사람을 모아 자각몽을 꾸도록 그들을 훈련한 뒤, 그들이 꿈을 꾸는 동안 그들과 쌍방향으로 의사소통하는 방법을 마련했다. 연구자들이 꿈꾸는 사람들에게 8 빼기 6 같은 간단한 산수 문제를 내면, 눈의 움직임으로 답하게 한 것이다(움직임 한 번이 숫자 1을 나타냈다). 참가자들은 계속 꿈꾸는 상태였지만, 그 질문을 꿈의 일부로 들을 수 있었다. 어떤 사람에게는 내레이션하는 목소리로 들렸고 또 어떤 사람에게는 꿈속에서 잔잔히 깔린 라디오 소리로 들렸다.

아쉽게도 연구팀은 재현 가능한 결과를 얻지는 못했지만(25퍼센트 정도의 시도만이 성공했다), 일부 참가자가 잠에서 깨자마자 질문을 기억해냈다는 사실은 주목할 만하다.

이 연구는 언젠가 우리가 무의식의 꿈꾸는 정신과 상호작용하며 우리의 꿈으로부터 통찰을 얻을 수 있으리라는 생각에 더 큰 신빙성을 실어준다.

마지막으로 나는 꿈을 자신에게 득이 되도록 활용할 수 있는 방법과 가능성에 관해 이야기하고 싶다. 몇몇 기법으로 꿈을 다른 여느 기술처럼 활용하려는 시도가 있었다. 깨어난 직후에는 꿈이 기억났지만 어느새 잊어버려 아쉬운 적이 있었는가? 꿈 상기dream recall라 불리는 기법이 해결책이 될 수 있는데, 이는 깨어나자마자 꿈에서 떠올린 모든 창의적인 아이디어를 필요할 때 다시 기억할 수 있게끔 적어두는 것이다. 유명한 호러 작가 스티븐 킹은 꿈을 소설 창작의 원천으로 활용하는 것으로 잘 알려져 있다. 《드림 캐처》는 실제로 그가 오두막과 히치하이커들에 관해 꾼 꿈을 기반으로 한 소설이다.

어떤 문제에 해답을 찾고 싶을 때 여러분이 시도해볼 방법은 꿈 부화dream incubation다! 꿈 부화는 잠들기 전에 자신이 풀어야 할 한 가지 문제에 정신을 집중하는 것에서 시작한다. 충분히 시도하다 보면 자신이 선택한 주제에 관한 꿈을 꾸고, 나아가 꿈을 활용해 자기 인생의 의미 있는 영역에서 답을 찾는 것이 가능함을 여러 연구가 증명했다. 수학 천재 스리니바사 라마누잔Srinivasa Ramanujan은 1900년대 초에 케임브리지 대학교의 한 교수에게 복잡한 수학 식들을 적어 우편으로 보낸 것으로 유명하다. 이 이야기가 더욱 놀라운 건, 라마누잔이 인도의 작은 마을에 살았고 어려운 수학책들을 전혀 구할 수 없었다는 사실이다. 그는 16세부터(케임브리지에 우편을 보낸 것은 25세 때였다) 꿈에서 자기 앞에 식들이 나타났고 잠에서 깨면 그 식들을 전개할 수 있었다고 말했다.

마지막으로, 우리 삶에 가장 쓸모가 많아 보이는 것은 예지몽dream prophecy이라는 흥미로운 기술이다. 누구나 일어나기 전의 사건을 꿈으로 미리 보고 싶어 하지 않을까? 지각하거나 자기 몸에 음료를 쏟는 일을 피할 수 있을지도 모르고 어쩌면 아주 열심히 집중해서 복권 번호를 기억해내 거액의 당첨금을 받을 수 있을지도 모를 일이다. 황당한 이야기로 들리겠지만, 꿈에 등장한 장면과 대화를 그 후 실제 삶에서 경험했다는 수많은 보고가 있다. 예전에는 이를 주로 데자뷰로 설명했지만, 예언과는 무관한 수많은 꿈을 고려하면 그건 단순한 우연의 일치일 가능성이 더 크다. 또한 바더-마인호프 현상(2장을 보라)과 관련된 것일 수도 있다. 우연의 일치를 경험한 후로 그 우연들을 더 많이 알아보게 되는 현상으로, 여기에는 무엇이든 자신의 관점을 뒷받침해줄 것에 매달리려는 강한 욕망이 개입된다. 예컨대 어떤 친구를 생각했는데 잠시 후 그 친구가 전화를 걸어오는 경우처럼 말이다. 하지만 우리는 친구를 생각하기만 하고 전화가 오지 않은 경우들은 그냥 잊어버린다. 그래도 어쨌든 편안한 마음으로 시도해보시길!

✳

아이스크림 두통으로 죽을 수도 있을까?

좋다. 이건 과학책이니까 아이스크림 두통 또는 뇌 동결 brain freeze 이라는 말 대신 정확한 의학 용어 사용을 적어도 시도는 해보는 게 좋겠다. 바로 접형구개 신경절신경통 sphenopalatine ganglioneuralgia 이다. 흠, 그런데 다시 생각해보니 발음하기가 너무 번거롭다. 그러니 여기서는 그냥 아이스크림 두통이라는 단어를 계속 쓰기로 하자. 아이스크림 두통은 우리가 아주 차가운 것을 너무 빨리 먹거나 마실 때 발생하는데, 강렬한 두통이 급속히 일어났다가 고맙게도 그만큼 재빨리 사라지는 현상이다.

　뇌는 두 개의 중요한 동맥 근처에 있는 인후 뒤쪽의 온도가 급격히 바뀌는 것을 아주 싫어하는데, 이 두 동맥이 뇌에 매우 중요하기 때문이다. **목동맥(경동맥)**은 뇌로 혈액을 운반하고 **뇌동맥**은 그 혈액을 뇌에 고루 분배한다. 갑작스러운 온도 변화는 두 동맥의 혈류를 극적으로 증가시키고, 뇌는 이를 알아차린다.

뇌의 막, 즉 수막에 분포한 온도 수용체들이 그 변화를 감지하고 뇌에 메시지를 보낼 때 바로 그 통증이 일어난다. **삼차신경**(얼굴과 머리를 담당하는 주 신경)이 활성화되어 강렬한 느낌을 일으키는데, 뇌는 이를 통증으로 해석하고 그 결과 우리는 (체중을 불릴 게 분명한 걸 알면서도 열심히 먹고 있던 아이스크림 먹기 등) 무엇이든 하던 일을 잠깐 멈추게 된다. 아이스크림 두통은 몸이 우리에게 그 감각이 너무 강렬하다는 걸 알려주는 방식 중 하나다. 뇌는 뭐든 순하고 일관된 것을 좋아한다. 모든 게 순하고 잘 통제되고 안전한, 그래서 따분한 삶을 살아가는 것이 뇌가 무엇보다 좋아하는 일이다.

하던 일을 멈춰 일단 입과 목구멍이 따뜻해지면 혈관들은 다시 수축하고 혈류는 정상으로 돌아가는데, 여기까지 시간이 그리 오래 걸리지 않는다. 아이스크림 두통은 그리 유쾌한 느낌이 아니고 뭔가 심각한 일처럼 보일 수도 있지만 사실 그렇지 않다. 아이스크림을 먹고 극심한 두통이 왔다고 해도 그건 단순히 뇌가 강렬한 신호를 보내는 것, 그 이상도 이하도 아니다. 누군가 아이스크림 두통으로 죽은 사례는 없으며

아이스크림을 아주 잠깐 싫어하게 되는 것을 제외한 다른 부
작용 사례는 전혀 기록된 바 없다.

　흥미로운 점은 편두통에 시달리는 사람이 아이스크림 두
통을 경험할 확률이 더 높다는 것이다. 정확한 이유가 아직
완전히 밝혀지지 않았지만, 새로운 편두통 치료제를 찾기 위
한 시도로 관련 연구가 진행 중이다.

※

뇌세포는 재생될까?

과거에는 뇌가 아주 대단한 슈퍼컴퓨터이기는 하지만 손상이 생기면 스스로 수리하고 기능을 회복하는 능력은 없다고 여겼다. 이 점이 가장 극명하게 드러나는 때는 뇌와 척수 손상을 수리한다는, 거의 불가능해 보이는 과제에 맞닥뜨릴 때이다. 우리는 태어날 때 갖고 있던 뉴런을 대부분 평생 보유하며, 여러분이 무슨 말을 들었든, 뇌는 실제로 새로운 뉴런을 만들고 스스로 어느 정도는 수리도 할 수 있다.

　태아 시기에 우리의 뇌세포은 빠른 속도로 분열한다. 이 세포분열은 한 번 일어날 때마다 뉴런의 수를 두 배로 불린다. 뉴런은 뇌에 남아돌 정도로 빠른 속도로 분열하고 성장한다. 그 수가 너무 많아서 우리는 아동기 대부분 동안 뉴런의 수를 천천히 그리고 정밀하게 줄여간다. 우리는 실제로 필요한 것보다 더 많은 수의 뉴런을 갖고 태어나며 시간이 지나면서 우리가 배우고 주변 세계를 이해하는 데 유용한 만큼만 남겨 유지하게 된다. 날렵하고 강단 있고 효율적인 뇌가 될 때까지 필요 없는 뉴런을 서서히 제거하는 것이다.

　뉴런의 이 모든 성장이 어린 나이에만 일어나고 이후로는 전혀 성장하지 않는다고 해보자. 그런 경우라면, 뇌과학자들이 전통적으로 성인 뇌에서는 새로운 뇌세포가 재생하거나 성장할 수 없다고 믿었던 이유를 쉽게 이해할 수 있다. 심지어 오늘날에도 성인 뇌에서 일어나는 재생의 정도에 관한 논쟁이 여전히 계속되고 있다. 뇌세포의 성장, 다른 말로 **신경 발생**은 뇌과학에서 매우 중요한 연구 분야다. 과학자들이 뇌 스캔으로 살아 있는 사람의 뇌를 연구하거나 새로운 과학 기술에 힘입어 실험실에서 뇌세포를 배양할 수 있게 되면서 우리는 뉴런이 어떻게 성장하고 발달하는지에 관해 전례 없는 통찰을 얻었다. 이를 통해 밝혀진 것은 우리 뇌가 끊임없이 새로운 뇌세포를 만들고 있다는 사실이다. 정확히는 매일 700개의 뇌세포가 만들어지며, 이는 노년에 이르기까지 계속된다. 신경 발생이 발견된 최고령자의 나이는 97세다![37] 이는 단지 해마(그중에서도 주로 **치아이랑**이라는 영역)만을 들여다본 결과이며 대부분의 다른 영역은 아직 들여다보지도 않았다.

새 뇌세포가 매일 만들어진다면, 손상을 겪은 후 스스로 수리하는 일도 가능하지 않을까? 뇌와 척수는 적당한 범위 내에서 스스로 수리할 수 있지만, 문제는 이전의 모든 연결을 되살리는 건 불가능하고 따라서 그에 따른 기능 상실이 나타난다는 것이다. 이런 기능 상실은 뇌나 척수의 어느 부분이 손상되었는가에 따라 마비를 초래하는 동작의 어려움일 수도 있고, 말하기나 기억의 문제일 수도 있다. 인체는 충분히 영리해서, 뇌는 사라진 연결에 적응하기 위해 스스로 재배선할 줄 알며 다른 곳에서라도 새로운 연결을 만들려 노력한다. 뇌졸중 등의 뇌 외상에 시달리는 이들 중 완전히는 아니라도 부분적으로 기능을 되찾는 이들에게서 이러한 현상을 볼 수 있다.

중요하게 짚고 넘어가야 할 점은 손상된 뉴런도 재생될 수 있다는 것이다. 최근 캘리포니아의 한 연구팀은 뉴런이 더 이전 단계로 퇴행함으로써 재생한다는 사실을 발견했다.[38] 손상을 인지한 뉴런은 아기 뉴런 상태로 되돌아가고 손상을 입었던 어른 뉴런 때의 삶은 잊고 거기서 다시 성장하여 새로운 삶을 시작할 수 있다.* 손상된 뉴런이 재생되려면 그 뉴런의 상태가 성장을 촉진할 만큼 최적의 상태여야 하는데, 그런 수준으로 유지하는 건 인체에게 쉽지 않은 일이다. 사람이 병이

들거나 다쳤을 때를 생각해보자. 그들은 약물 치료나 기타 다른 치료를 받으러 병원에 간다. 병원이라는 환경은 환자의 치유와 회복을 촉진하게끔 구축되어 있다. 부상을 무시하고 평소대로 일상생활을 계속한다면 완전한 회복을 기대할 수 없을 것이다. 한마디로 이것이 지금 연구자들이 알아내려 노력하는 점이다. 손상된 뉴런에게 최적의 환경(이를테면 다친 사람에게 주어지는 병원이라는 환경)이란 어떤 것일까? 다시 말해서 뇌세포 재생 확률을 최대한 높이기 위한 최선의 약물과 치료를 제공하려면 어떻게 해야 할까? 이 답을 찾는다면 뇌에서 자연적으로 일어나는 신경 발생과 손상으로 인한 결과를 개선하게 될 것이다.

언젠가는 성장에 가장 유리한 조건(예컨대 성장 인자 같은 단백질을 동원한)을 갖춘 실험실에서 뉴런을 성장시킨 다음, 이를 다시 손상 부위에 이식할 수 있게 되리라는 희망을 갖고 있다. 그렇게 이식된 뉴런은 그 자체도 재생될 뿐 아니라 이전

★   엄밀히 말하면 이 변화는 유전자 수준에서 관찰된다. 전사 단계(유전자 발현의 첫 단계)에서 뉴런의 변화와 재성장을 촉진하는 몇몇 유전자들이 재설정되는 것인데, 이는 곧 RNA가 삶의 초기 단계에서 발견되는 새로운 단백질들을 만들 수 있도록 변화한다는 뜻이다.

에 다른 뉴런들과 맺었던 수천 개의 연결까지 다시 잇기 시작할 것이다. 물론 지금도 뇌는 스스로 이런 일을 할 수 있지만, 우리가 원하는 만큼 효율적으로 할 수 있는 건 아니다.

그러니까 뇌세포가 재생한다는 건 사실이다. 하지만 그 과정은 제한적이고 현재의 뇌과학은 모든 환자의 완전한 회복을 기대할 수 있는 단계에는 아직 도달하지 못했다.

그렇다면 질병은 어떨까? 뉴런은 **운동 뉴런 질환** 같은 병에서 회복할 수 있을까? 운동 뉴런은 뇌에서 온몸의 근육들로 신호를 내보내 움직임에 관한 지시를 내린다. 근위축측삭경화증(루게릭병)이라고도 하는 운동 뉴런 질환에 걸리면 운동 뉴런이 기능하지 못하게 되고 결국에는 죽는다. 가장 주된 이유는 그 뉴런 속의 특정 단백질이 원래 맡은 일을 못 하게 되면서 연쇄적인 사건을 일으켜 결국 세포 사멸을 초래하기 때문이다. 별세포를 비롯한 다른 세포들도 손상되어 결국 사멸할 수 있는데, 이는 신체의 회복 메커니즘에 큰 충격을 가한다.

예컨대 둔기 외상으로 인해 운동 뉴런이 손상되면 몸이 그 뉴런들을 회복시킬 수 있지만, 뉴런에 결함을 초래하는 기저질환이 있을 때는 그런 회복 메커니즘도 소용이 없다는 것이다.[39] 이것을 집을 짓는 일에 대입해 생각해보자. 제대로 된

설계도와 숙련된 건축기술자들이 있더라도 반듯한 직육면체가 아니라 구형으로 된 엉뚱한 모양의 벽돌이 배달된다면 안정성을 지닌 집을 지을 수 없다. 건축팀이 아무리 훌륭해도 그런 집은 결국에는 무너질 것이다. 운동 뉴런 질환에서 일어나는 일이 바로 이런 것이며, 따라서 뉴런 재생(또는 건축)은 뇌과학자들에게 매우 어려운 일이다.

　미래의 치료법은 줄기세포 치료 쪽을 더 많이 고려하고 있는데, 이 치료는 언젠가 집이 제대로 지어지도록 구형 벽돌이 가득한 트럭을 일반 벽돌이 가득한 트럭으로 바꿔줄 것이다.

※

기억은 어떻게 뇌에 새겨질까?

과학자들은 기억을 대개 두 가지로 분류한다. 누구나 익히 아는 유형의 기억, 그러니까 우리가 일상에서 겪은 사실과 사건을 기억하는 것은 **서술 기억**이라고 한다. 이는 자전적인 기억이며 우리가 의식하고 있고 어느 정도 통제도 할 수 있는 기억이다. 둘째 유형인 **비서술 기억**은 우리도 모르는 사이에 우리 뇌가 사용하는 기억으로 새로운 기술을 배우고 습관을 만드는 데 필수적이다. 비서술 기억은 무의식적 기억이라고도 한다.

그런가 하면 단기 기억과 장기 기억도 있다. 단기 기억은 30초에서 1분가량 기억하는 모든 것에 적용되며 전두엽이 관장한다. 바꿔 말해서 단기 기억은 우리가 기억하려고 노력하는 것에 관한 우리의 의식적인 생각이다. 실제로 뇌가 단기 기억을 사용하는 능력은 꽤 제한적이어서 한 번에 5~9가지 정보만 저장할 수 있다.

어떤 정보든 더 긴 기간 기억하려면 결국 해마가 동원된다. 그러나 만약 우리가 뭔가를 잊지 않도록 장기 기억에 남겨두길 원한다면, 그 기억은 결국 뇌 전체에 고루 저장되며 이 과정이 완료되기까지는 여러 주가 걸릴 수 있다. 이번에 우리는 장기 기억이 어떻게 만들어지는지 그리고 필요할 때 특정 기억을 불러내기 위해 우리의 뇌세포들이 정확히 어떤 일을 하는지 알아볼 것이다.

과연 기억이란 무엇인가?

뇌에 저장된 기억이라고 말할 때, 그것이 정말 의미하는 바는 무엇일까? 친구들과 뛰놀던 행복한 어린 시절을 회상할 때, 실제로 그 기억은 뉴런들에게 어떻게 보일까? 일련의 이미지들일까? 아니면 짧은 비디오? 우리가 그 뉴런들을 볼 수 있다면(사실 볼 수 있다) 실제로 기억도 볼 수 있을까? 기술적으로는 가능한 일이다.

아직 과학은 우리가 뉴런을 들여다보는 것만으로 기억을 해독할 수 있는 단계에는 이르지 못했지만, 기억을 만들어내기 위해 각 뇌세포에 실질적인 변화가 일어나는 것은 사실이

고 이 변화는 볼 수 있다. 장기 기억과 관련해서는 해마 영역
이 많이 연구되었다. 해마에는 뇌세포들이 매우 높은 밀도로
존재하므로 상당히 명확하게 기억 형성을 연구할 수 있다. 하
지만 기억이란 한 사건을 담은 영화 필름처럼 저장되는 것이
아니라 그 경험에 관한 작은 세부 사항들이 부호화되는 것이
고 그 후 무언가를 기억할 때마다 우리 스스로 그 세부 사항
들을 재창조하는 것이다. 우리는 매번 예비 부품들을 가지고
그 영상을 리메이크한다. 우리가 어떤 기억을 회상할 때마다
조금씩 다르게 기억하게 되는 건 이 때문이다. 뇌과학에서는
이 개념을 **희소 분포 방식**sparse distributed scheme이라고 하는데,
각각의 기억 하나하나는 여러 뉴런들에 함께 새겨지며, 그 뉴
런들은 이후에 또 다른 무언가를 기억하도록 돕는 일에도 동
원될 수 있다.[40] 또한 기억은 사건이 발생한 시점과 우리가 그
사건을 기억하려 하는 시점의 감정 상태에도 좌우된다. 따라
서 감정은 우리가 무언가를 어떤 느낌으로 기억하는지에 큰
역할을 한다.

　　기억은 이런 모든 작은 세부 사항들로 이루어진다. 실제
로 기억은 우리 뇌 전역에서 우리의 감정적 반응, 색깔, 소리,
맛을 비롯하여 상상할 수 있는 거의 모든 세부 사항을 부호화

하는 뇌세포들의 연결 속에서 만들어지고 저장된다. 장기 기억은 장기 강화 과정을 통해 만들어지는데, 이 과정이 완료되기까지는 몇 분이 걸릴 수도 있고 몇 주가 걸릴 수도 있다. 다음에는 장기 강화라는 것이 우리 뇌세포들에게 정확히 어떻게 구현되는지 알아보자.

기억이 부호화되는 방식

무언가가 특정 영역으로 가는 뇌 신호(다른 말로 활동전위)를 한꺼번에 많이 발생시킬 때 장기 기억의 부호화가 시작된다. 이런 상황은 그 뉴런들을 변화시키는데, 뇌과학자들은 이를 가소적 변화라 부른다. 이런 변화는 우리 평생에 걸쳐 일어날 수 있으며 흔히 뇌를 가리켜 가소성이 있다고 말하는 것은 바로 이 때문이다.

가소성은 시냅스들 사이의 의사소통이 다음번에는 더 강하고 더 쉽고 더 효율적으로 이뤄지게 하는 방향으로 시냅스들을 변화시킨다. 이런 변화는 몇 가지 방식으로 일어날 수 있는데, 그중 지금까지 가장 많이 연구된 것이 장기 강화다. 뇌세포가 도시를 가로지르는 큰 도로라고 생각해보자. 도로 끝에는 많은 출구(시냅스)가 있고 이 출구는 다른 작은 길(가지돌기*)로 이어지며 결국에는 다른 도시(뉴런)로 이어진다. 즉 모든 출구마다 각자 어느 목적지로 이어지는지(그러니까 기억하고 싶은 것이 무엇인지)가 명확히 정해져 있다. 기억하고 싶은 중요한 어떤 일이 일어났다면, 이를테면 여러분이 비욘세 콘서트를 보러 차를 몰고 간다면, 그 공연장으로 가는 출구에는 평소보다 훨씬 많은 차들로 가득할 것이다(이는 뇌에서 활동전위가 증가하는 상황에 대한 비유다). 콘서트의 규모가 아주 크기 때문에 공연장으로 향하는 출구에서는 교통 체증이 일어날 것이다.

그래서 사람들은 차를 세워두고 걸어서 공연장으로 간다(이들은 다음 뉴런을 향해 출발한 신경전달물질들이다). 마침내 그들이 (0.0005초 만에) 공연장에 도착하고 보니 비욘세 공연을 보러 온 팬이라면 모두 좁은 게이트(AMPA 수용체)를 통과해 걸어가야 한다는 것을 알게 된다.

그런데 문제가 하나 있다. 사람은 너무 많고 게이트는 모자라서 게이트를 하나 더(NMDA 수용체) 만들어야 한다.** 이

★ 뉴런이 팔이라면 가지돌기는 다른 팔들을 향해 뻗치고 있는 긴 손가락이고, 시냅스는 다른 손가락 끝에 닿으려고 쭉 뻗친 손톱의 끝부분일 것이다. 이 얼마나 로맨틱한가!

제 사람들이 안으로 들어갈 수 있는 문이 추가로 생겼으니 좀 덜 붐비지만, 콘서트의 인기는 여전히 아주 높다. 비욘세가 코끼리를 타고서 완벽한 한국어로 노래를 부르는 콘서트라는데 전석 매진되는 게 당연한 일 아닌가? 그래서 게이트를 지키던 문지기는 차들이 주차되어 있는 도로로 누군가를 보내서, 이제 새로운 게이트가 열렸으니 사람들을 더 보내도 괜찮다는 말을 전한다.

　　그런데 이 전령은 남다른 데가 있어서 통상적인 방법으로 그곳까지 걸어가지 않는다. 수많은 군중을 본 그는 그들 틈을 뚫고 지나가고 싶지 않다. 대신 산화질소(질소를 추가하면 웃음 가스인 아산화질소를 만들 수 있는)를 채운 여러 개의 풍선을 가져와 차들이 주차되어 있는 도로 쪽으로 띄워 보낸다. 뉴런에서는 실제로 이런 일이 일어나는데, 산화질소가 첫째 뉴런에게 다시 신호를 보냄으로써 역행성 신호로 작용하는 것이다.

★★　신경전달물질 글루타메이트가 첫 수용체(AMPA) 혹은 이 시나리오에 따르면 첫 게이트에 결합하면, 시냅스에 약간의 변화가 생긴다. 글루타메이트가 전압에 작은 변화를 일으키고 그 결과 다른 게이트, 즉 NMDA 수용체를 막고 있던 마그네슘이 빠져 나온다. 이제 두 수용체 모두 활성화되고 글루타메이트는 두 수용체 모두와 결합한다.

이제 더 많은 사람이 비욘세를 보러 공연장으로 들어간다.★ 이 가소성 혹은 변화는 완전히 전개되기까지 몇 주가 걸릴 수도 있지만, 어쨌든 뇌에 새로운 장기 기억이 만들어질 기반을 깔아준다. 이 전체 과정이 장기 강화인데, 여기서 가소성이란 이번에 사용한 도로에 항상 추가 게이트가 준비되어 있을 것이며 다음에 우리가 그 기억을 필요로 할 때 더 효율적으로 작동하리라는 사실을 가리킨다. 그 시냅스가 영원히 바뀐 것이다. 이렇게 여러분은 새로운 기억 하나를 갖게 된다!

때로 비욘세를 정말로 보고 싶어 하는 사람이 많지 않을 때는 이런 변화가 전혀 일어나지 않을 수도 있다. 이 경우 뇌는 그런 콘서트가 있었다는 사실마저 잊을 수 있다. 이를 장기 억압이라고 하는데, 이를테면 걸음마나 자전거 타기를 배우던 일을 대상으로 소뇌에서 일어난다. 우리는 넘어지지 않고 잘 걷거나 자전거를 타던 기억만 남겨두고 싶지 어떻게 넘어졌는지는 별로 기억하고 싶지 않기 때문이다. 하지만 여기서 중요하게 짚고 넘어갈 것은, 장기 억압은 무의식적으로만

★ 뉴런 안에서 이 콘서트는 칼슘 이온 증가에 해당하며, 이는 뉴런 내부에서 기억을 만드는 일에 기여한다.

일어나며 우리가 의식적으로 활용할 수 있는 것은 아니라는 점이다. 물론 나는 모든 사람이 원치 않는 기억은 잊어버릴 수 있는 능력을 갖고 싶어 한다고 확신하기는 하지만 말이다. 과학이 알려주는 바에 따르면 장기 기억은 절대로 우리를 떠나지 않으며 기억해내기 어렵다고 해도 늘 어딘가에 저장되어 있다.

두려움

기억을 만들려면 해마가 필수적이라고 말했지만, 뇌의 현실은 그보다 훨씬 복잡하다. 감정을 지닌 존재인 우리는 기억에도 감정을 붙여놓는다. 그래서 측두엽(기억 영역)은 기억을 만드는 데서 중요한 위치를 차지하기는 하지만, 뇌의 다른 부분들과도 연결되어 있다. 이를테면 그 기억이 행복한 기억인지 그래서 우리 기분을 좋게 해주는 기억인지 말해주는 부분과도 연결되고, 특정한 냄새(예컨대 향수나 크리스마스 때만 쓰는 양초 냄새)를 기억하여 그 냄새 자극과 연관된 기억의 촉발을 돕는 부분과도 연결된다. 만약 여러분이 어떤 냄새를 맡거나 맛을 볼 때 관련된 기억이 떠오르는 일이 잦다면, 그건 그 감각이 특정 뇌 연결을 활성화해 관련된 기억 전체를 끄집어내기 때문이다.

　　또한 우리 뇌의 전두엽에 포함되는 전전두피질과 전방대
상피질은 마치 수석 사서 같은 역할을 하는데, 우리가 도서관
에 있는 책을 꺼내 가기 전에 책들을 검토하여 목적에 부합
하는 책인지 확인하는 일, 즉 기억에 맥락과 의미를 부여하는
일을 한다. 우리가 살면서 겪은 행복한 사건을 기억하는 것
과 무서웠던 일을 기억하는 것은 서로 아주 비슷한 방식으로
이루어진다. 우리는 본질적으로 우리에게 위험할지도 모르
는 일을 두려워하도록 학습된다. 뇌간 윗부분에 있는 작은 영
역인 **편도체**가 감정 및 두려움과 관련하여 큰 역할을 맡고 있
는데, 역시나 다른 여러 영역과 연결되어 있으면서 현재 맥락
속에서 두려움을 파악하는 데 도움을 받는다. 예를 들어 지금
무서운 건 그저 무서운 영화를 보고 있기 때문이고 실제로는
우리를 해칠 것이 전혀 없는 상황이라면 논리 중추가 뇌의 나
머지 부분들에게 이 두려움이 우리를 심약하게 만드는 기억
으로 자리 잡기를 원치 않는다고 설명할 것이다(이 설명이 언제
나 무리 없이 받아들여지는 것은 아니어서 공포 장애나 불안 장애로 이어지
기도 한다). 이 경우와는 대조적으로, 우리 뇌는 예컨대 어두운
골목에서 공격당하는 것처럼 무섭거나 위험한 상황이 기억해

뒤야 할 일인지 아닌지도 판단한다. 이렇게 해서 우리는 위험을 인지하고 밤중의 어두운 골목에 대해 적절한 두려움을 키우게 되는데, 이게 다 우리의 편도체, 전전두피질, 해마를 비롯한 여러 뇌 영역 덕분이다.

H.M.이라 불린 남자

과거에 뇌과학자들은 부상을 입은 사람을 관찰함으로써 뇌의 작동 방식을 연구했다. 뇌에 손상이나 병변이 생겼을 때 무슨 일이 일어나는지 관찰하면 엄청난 양의 지식을 얻을 수 있었기 때문이다. 1953년에 심한 뇌전증에 시달리던 27세의 한 남자가 뇌전증을 없애는 수술을 받기로 했다. 그의 이름은 헨리 몰레이슨Henry Molaison이지만 이후 H.M.이라는 이니셜로만 불렸다. 이 수술은 결국 비극적인 결과를 불러왔다. 측두엽 일부만 제거하려던 것을 너무 많이 제거하는 바람에 새로운 기억을 형성하는 능력을 완전히 상실하고 만 것이다. 그는 수술 이전에 알던 친구들과 가족의 이름은 기억했지만 새로 만난 사람들은 금세 잊어버렸다. 게다가 수술 전 10년 동안 자신에게 일어났던 일들에 대한 기억도 사라졌다.

그런데 흥미롭게도 어떤 숫자들을 잠시 기억하고 있으라

는 요청을 받으면 그 일은 쉽게 할 수 있었다. 하지만 주의가 분산되거나 새로운 과제를 시작하자마자 그 숫자들을 즉시 까먹었다. H.M. 덕분에 현재 우리는 내측 측두엽이 정보를 장기 기억으로 바꾸는 데 필수적이라는 사실을 알고 있다. 기본적으로 내측 측두엽은 책을 나중에 쉽게 다시 꺼내오려면 어디에 두어야 할지 정리 정돈하는 조용하고 예의 바른 사서 같은 존재다. 이후의 추가 연구들로 해마 외에도 **꼬리핵**과 **조가비핵**이라는 부분이 학습과 기억에서 정말 중요하다는 사실이 밝혀졌고, 이 점은 기억력 챔피언들의 뇌를 연구할 때도 관찰되었다(그렇다. 비현실적이지만 사실이다). H.M.이 겪은 일은 비극이었지만, 그래도 우리는 그를 통해 뇌가 기억을 장기 저장소로 옮기는 방식에 관해 많은 걸 알게 되었고, 역설적이지만 이 때문에 그는 영원히 잊히지 않을 존재가 되었다.

뇌과학으로 기억력 향상시키기

결혼식 날 있었던 일이나 생방송 스포츠 경기 날짜, 혹은 자동차 충돌 사고 당시 벌어진 일을 쉽게 떠올릴 수 있는가? 그걸 기억하기 위해 열심히 노력해야 하는가? 아니면 그냥 저절로 쉽게 떠오르는가? 1년 전 어느 화요일에 친구와 나눈 대화는? 그때 친구와 나눈 이야기를 지금 여러분은 기억하는가?

우리에게 일어난 일 중 어떤 것은 별로 노력하지 않아도 우리 기억 속에 영원히 각인된다(이건 좋은 일일 수도 나쁜 일일 수도 있다). 여기엔 그럴 만한 이유가 있다. 우리 뇌는 새로운 걸 배우는 걸 정말 좋아하고, 여러 감각이 참여하고 감정이 깊이 관여된 내용을 품은 사건에 아주 잘 반응한다. 이런 점은 우리가 진화를 거치는 동안 필수적인 기능을 유지하는 데 도움이 되었을 것이다. 지나다니다가 우연히 예상하지 못한 곳에서 물길을 만났고 그 물이 마실 수 있는 물이었다면, 우리 뇌는 그 사실을 기억하고 싶었을 것이다. 아니면 포식동물이 우글거리는 위험한 지역을 지나갔다면 앞으로는 그곳을 피해야 했을 것이다. 예컨대 물을 발견하여 몹시 기뻐하는 것처럼 감정적 반응을 활성화하는 사건은 뇌에 더 쉽게 부호화되어 그 정보가 필요해질 때를 대비하게 된다. (이미 수백 번은 나눈 대화처럼) 새롭거나 특별히 흥미롭다고 여겨지지 않는 일은 뉴런들에게 실질적인 반응을 촉발하지 않고, 그렇게 뇌는 다른 더 중요한 일들에 집중하게 된다.

세계 기억력 챔피언들은 이런 뇌과학적 지식을 잘 활용한다. 뇌는 (10개 이하의) 숫자들을 짧은 시간 동안 기억할 수 있지만 그러고는 잊어버린다. 그 숫자들을 더 오래 기억하고 싶다면, 장기 기억에 부호화되기를 바라는 마음으로 그 숫자들을 계속 반복하면 된다. 이 방법이 효과가 있는 이유는 반복된 자극이 결국에는 시냅스를 강화하기 때문인데, 이 과정은 매우 느리고도 따분하다. 대신 기억력 챔피언들은 특정 숫자를 상상의 그림이나 장면, 사람과 연관시킨다(이건 숫자뿐 아니라 다른 것들을 기억하는 데도 효과가 있다). 세계 기억력 챔피언 류송 Ryu Song은 30분 만에 (1과 0으로만 된) 이진수를 거의 7,500개 기억할 수 있다. 기억력 선수들의 뇌는 수년간의 연습을 통해 이렇게 초인적 암기에 적합하도록 변화했음이 밝혀졌다. 기능성 자기공명영상 뇌 스캔을 통해 해마와 꼬리핵 모두 크기가 커져 있고 둘 사이 연결성도 향상되어 있음이 드러난 것이다.[41] 이 기능성 자기공명영상 측정값은 너무나 정확해서 연구자들은 순전히 뇌 크기만을 근거로 기억력 챔피언십의 순위까지 예측할 수 있었다.

이 뇌 스캔은 기억력 선수들이 이미 수년간 기억력 훈련을 한 뒤 실시한 것이기 때문에 그들이 기억력 선수가 되기 전에도 연결성(뇌 영역들끼리 얼마나 수월히 대화를 나누는지)이 남달리 좋았거나 뇌 크기가 컸는지는 알 수 없다. 하지만 그랬을 것 같지는 않다. 그보다는 일반적인 뇌를 갖고 태어났지만 기억력 과제를 수행해야 할 필요가 더해지면서 그들의 뇌가 이런 식으로 발달했을 가능성이 크다.

이는 기억력 챔피언들의 기법을 사용하면 우리도 기억력을 향상시킬 수 있다는 말과 같다. 요령은 독특하고 아주 이상한 것, 냄새나 맛 등 다른 감각을 동원하는 무언가를(예를 들어 숫자 10에 대해 고약한 냄새를 풍기며 말을 타고 가는 트롤 괴물을) 상상하는 것이다. 이 과장된 장면과 이미지 들은 시간이 지나고 반복 학습되면서 거의 모든 것을 몇 초 만에 기억할 수 있게 도와준다. 이상해 보일지 모르지만, 뇌 입장에서는 말 타고 가는 트롤을 자주 볼 수 있는 건 아니므로 기억해두고 싶은 것이다. 또 다른 기억술로는 익숙한 집이나 도시 같은 장소를 사용하는 것이 있는데, 그런 장소에는 뇌가 쉽게 알아볼 수 있는 여러 창의적인 이미지들이 가득하기 때문이다.

직접 한 번 시험해보라. 단순한 반복이 아니라 재미있는 이미지들을 동원하면 여러분도 7,500개의 숫자를 더 잘 기억할 수 있을지 모른다.

✳

천재의 뇌는 뭔가 다를까?

세계적으로 유명한 수학자나 단 한 번의 붓질로 모든 사람의 눈물샘을 자극하며 전 세계를 뒤흔들 예술가가 될 운명을 안고 태어나는 사람은 따로 있는 것일까? 이런 특징들은 태어난 날부터 뇌 속에 장착되어 있는 것일까? 아니면 후천적으로 계발되고 만들어지는 것일까? 천재의 뇌는 남들과 다를까?

지능 하면 나는 영화 《굿 윌 헌팅》에서 맷 데이먼이 연기한, 칠판에 방정식을 써내려가는 인물이 떠오른다. 하지만 지능에는 대인 지능, 논리수학 지능, 음악 지능 등 여러 유형이 있다(현재의 이론에 따르면 최소한 아홉 가지다). 일반적으로 지능은 뇌의 서로 다른 영역들이 얼마나 잘 연결되어 있는가에 따라 결정된다.

이번 질문의 의도에 맞춰, 우리는 좀 더 전통적인 관점의 지능 및 IQ와 같은 노선에 있는 논리수학 지능에 관해 이야기할 것이다. 뇌과학이 지능을 연구하는 방식은 주로 세 가지다. 하나는 뇌의 구조와 기능을 검토하는 것인데, 한마디로 뇌가 IQ에 따라 겉으로도 다르게 보이는가를 알아보는 것이다. 또 한 가지 방식은 지능과 연관될 법한 DNA에서 차이점을 찾는 것이다. 그리고 세 번째 방법은 환경과 삶의 경험이 지능에 어떤 영향을 미치는지를 알아보는 것이다. 이를테면 우리가 양자역학만 공부하며 평생을 보낸다면 IQ가 향상될 가능성이 아주 큰지 검증해보는 것이다.

    똑똑함은 타고나며 그 이후로는 할 수 있는 게 별로 없다는 생각은 많이들 하는 착각이다. 어마어마한 IQ를 지닐 잠재력을 갖고 태어나는 행운을 누리지 못하다니 지지리 운도 없다는 생각. 이는 사실이 아니다! 물론 지능이 더 높은 사람의 뇌에 차이점이 존재하긴 한다. 이들의 뇌는 실제로 좀 다르게 보인다.

    수술 중 이들의 뇌에서 아주 약간 떼어낸 조각을 통해 우리는 뉴런의 가지돌기(뉴런이 쭉 뻗어낸 긴 팔)가 더 크며, 다른 뉴런과 더욱 복잡하게 연결되어 있음을 알게 되었다.[42] 나아가 지능이 더 높은 사람은 상당 부분 지능의 원천으로 널리 알려진 전두엽과 측두엽이 더 크다. 이 두 측정값 모두 IQ와 상관관계를 보였다. 달리 표현하면 뇌가 크고 복잡할수록 더 똑똑하다는 말이다.

만약 이게 사실이라면, 우리는 이 흐름을 따라가 뇌가 더 클수록 더 똑똑한 사람이라고 예상하면 될 것이다. 그렇지 않은가? 한 연구팀이 8천 명 이상의 뇌를 조사하면서 뇌 크기와 IQ에 관한 서로 다른 여러 연구들을 검토한 결과, 실제로 더 큰 뇌가 높은 지능에 기여하는 요인 중 하나임을 확인했다.[43] 그러나 서둘러 결론 내리기 전에 말하자면, 뇌의 크기는 지능 예측에 사용되는 여러 변수 중 '하나'에 지나지 않는다. 게다가 중요한 건 몸 전체의 크기와 뇌 크기의 비율이다. 연구자들은 뇌 크기가 요인 중 하나인 것은 분명하지만 실제로 그로 인해 생기는 차이는 별로 없다는 점을 재빨리 인정했다. 뇌가 얼마나 잘 연결되어 있는지 그리고 뇌의 각 영역들이 서로 얼마나 수월히 대화를 주고받는지가 지능을 예측하는 데 훨씬 중요하다.

뇌과학은 뇌의 연결성이야말로 뇌가 선보이는 여러 명석한 묘기의 비밀이며, 우리의 지능을 높이는 진짜 요인이라고 말한다. MRI 스캔을 통해, 전방섬엽이나 중후두이랑* 같은 특정 뇌 영역이 뇌의 나머지 부분들과 잘 연결되어 있을수록,

정보가 더 자유롭고 효율적으로 흐른다는 것을, 즉 우리 뇌가 조금은 더 똑똑해진다는 것을 알게 되었다.[44] 이 덕에 뇌 속을 이동하는 똑똑한 메시지들이 우선적 통행권을 부여받는다. 마치 천재 친구에게는 단축 다이얼을 주고 다른 친구들에게는 평범한 전화번호부를 주는 것과 비슷하다. 뇌 스캔을 통해 추가로 알게 된 사실은, 눈앞의 과제와는 무관한 정보를 제공하거나 주의를 분산시킬 수도 있는 특정 영역들★★ 사이의 비교적 약한 연결이 지능에는 더 효율적인 신경망을 만들어줄 수도 있다는 것이다.

서로 다른 뇌 영역들끼리의 연결뿐 아니라 개별 영역 내부에서의 연결도 중요하다. 지금 어느 섬에서 일광욕을 하고 있는 친척과 장거리 통화를 하고 있다고 상상해보자. 소식을 나누게 된 건 반가운 일이다. 그들이 명절 때 찾아오기로 한

★ 전방섬엽은 자기인식과 의사결정 같은 일을 담당하며, 중후두이랑은 공간 인지에서, 그러니까 머릿속에서 자신의 몸과 기타 삼차원 대상들을 처리하는 일에서 중요한 역할을 한다.

★★ 특히 감정 지각, 주의, 언어에 관여하는 하두정소엽, 고등 인지 기능과 기억에서 중요한 역할을 하는 상전두이랑, 도덕적 지침, 수학, 지각, 주의, 사회적 상호작용 등과 관련된 여러 기능을 하는 측두-두정 접합부.

계획이 여전히 유효한지 확인할 수도 있고 말이다. 물론 명절 모임을 주최할 직계 가족, 즉 부모님과 형제자매와도 반드시 대화를 나눠야 한다. 아니, 어쩌면 부모님과 형제자매와 대화를 나누는 일이 더 중요할 수도 있다. 지능도 마찬가지다. 내부 소통은 지능을 키우는 가장 중요한 요소다. 여러분의 집에서 명절 모임을 열 수 없다면 멀리 있는 친척을 초대해봐야 아무 소용 없기 때문이다. 여러분의 뇌가 가까운 가족 그리고 먼 친척과 모두 명료하고 정확하게 대화를 나눌 때 이는 지능이 발달하는 방식에 대단히 중요한 영향을 미친다.

위대한 인물들의 뇌

대부분의 사람들에게는 이 정도로도 충분하다. 하지만 천재의 뇌는 어떨까? 보통의 과학 연구에서 개인별 뇌의 차이를 확인해볼 수 있다면, 예컨대 알베르트 아인슈타인 같은 사람의 뇌에서도 당연히 그런 차이점을 볼 수 있지 않을까?

아인슈타인의 뇌는 수십 년 동안 아주 유명세를 치르며 연구되었다(그가 바라지 않았을 일일 거라는 말을 덧붙이고 싶다). 과학자들은 상상할 수 있는 모든 방식으로 그의 뇌를 들여다보았고 몇 가지 놀라운 특징을 발견했다. 뇌는 뉴런과 다양한 유형의 교세포들로 이루어진다. 교세포는 뉴런을 도와 여러 가지 일을 하며, 궁극적으로 뇌가 일을 최대한 잘 수행하도록 돕는다. 아인슈타인의 뇌에는 교세포의 수가 보통 수준보다 훨씬 많았는데, 수학적 처리 및 다른 뇌 영역에서 오는 정보를 편입하고 통합하는 일과 관련된 영역들에서 특히 더 그랬다.★ 과학자들은 그의 양쪽 뇌 반구가 더 잘 연결되어 있다는 점과 더불어, 바로 이런 차이점들 때문에 그가 어렵기로 유명한 사고실험들을 해내고 엄청난 지적 능력을 갖게 되었다고 여긴다.

그러나 지금까지 발표된 그 모든 데이터에도 불구하고, 아인슈타인의 뇌를 연구한다고 해도 천재의 정신에 관한 유의미한 실마리를 얻을 수는 없으리라는 점을 말해두고 싶다. 여러 사실을 관찰하기는 했지만 여전히 그것은 단 한 사람의 뇌일 뿐이다. 천재의 뇌를 정말 제대로 이해하려면 과학자들이 천재 수백 명의 뇌를 연구하여 그 차이점들을 비교할 수 있어야 한다. 아인슈타인의 뇌를 토대로 한 연구 중에는 거기

★ 수학에 깊이 관여하는 하두정 영역과 두정피질의 일부이면서 숫자 처리, 기억, 주의에 관여하는 모이랑 두 영역에서 훨씬 많은 교세포가 보였다.

서 나온 데이터를 무의미하게 만들 만한 몇 가지 결함을 지닌 것들도 있다. 또한 아인슈타인의 뇌에서 관찰된 가장 중요한 차이점들조차 타고난 것이라기보다 단순히 그가 평생 배우고 연구했기 때문에 뇌와 IQ가 향상된 결과인지도 모른다. 그 차이점들이 아인슈타인의 천재성을 엿볼 만한 단서를 제공해 준다고 말하는 사람이 있는가 하면, 우리가 그 연구들에 너무 많은 걸 기대한다고 말하는 사람도 분명 존재한다.

이처럼 과거 역사를 돌아보면서 한 사람을 위대하게 만든 요인이 무엇인지 이해하기란 어려운 일이지만, 이런 어려움도 또 다른 연구팀의 새로운 시도를 막지는 못한 모양이다. 레오나르도 다빈치는 역사상 존재했던 이들 중 가장 재능 있는 인물로 꼽힌다. 화가, 발명가, 공학자로서 보여준 명석함 덕분에 정확히 무엇이 그의 뇌를 그토록 굉장하게 만들었을까 하는 질문은 수세기 동안 많은 사람의 호기심을 자극했다. 한 연구팀은 다빈치가 병적인 지연 행동, 산만한 정신, 초조함을 특징으로 하는 주의력결핍 과잉행동장애ADHD에 시달렸을 것으로 보았다.[45]

이 연구팀은 다빈치가 ADHD를 창의성의 연료로 활용함으로써 자기 분야에서 대가가 될 수 있었다는 의견을 제시하며, 또한 그에게 일종의 난독증도 있었는데 이 역시 오히려 그의 독창성과 전반적인 신비로움을 키웠을 거라는 가설도 세웠다. 물론 우리는 진실이 무엇인지 결코 알지 못하겠지만, 이 연구는 아무리 독특한 뇌를 가졌더라도 누구에게나 위대해질 수 있는 잠재력이 있음을 다시 한번 상기시켜준다.

우리 뇌도 천재의 뇌로 만들 수 있을까? 과학은 우리가 계속해서 배우고 도전한다면 뇌가 새로운 도전 과제에 적응하면서 부피가 커지고 연결성과 지능이 개선될 거라고 말한다. 뇌과학 네트워크 이론에 따르면, 모든 사람에게는 그게 누구든 자신의 지능을 향상시킬 저력이 있다. 지능은 뇌의 내부 연결망(명절 모임을 주최하는 직계 가족)의 구조와 관련이 깊으므로 계속 배우고 새로운 경험에 뛰어드는 것이 지능과 IQ를 높일 수 있는 가장 좋은 방법이며, 이는 '천재' 뇌가 없더라도 누구나 할 수 있는 일이다.

✳

뇌는 정말 멀티태스킹을 할 수 있을까?

멀티태스킹을 잘하느냐는 질문에 아주 잘한다고 대답하는 사람을 보면, 대부분 상당한 자부심을 느끼는 것 같다. 그들은 한 번에 두 가지 일을 할 수 있고, 그것도 아주 잘해내서 다른 이들은 그들을 보며 대단하다고 감탄한다. 그런데 정말 그럴까? 어떤 사람은 정말 문자 메시지를 보내면서 운전을 하고 이메일을 쓰면서 책을 읽을 수 있는 걸까?

자신이 멀티태스킹을 아주 잘한다고 느낄 수는 있지만, 뇌과학은 이 주장을 뒷받침해주지 않는다. 멀티태스킹은 실험실에서 뇌 활동을 기록하는 여러 방식으로 연구되었다. 그 데이터는 뇌가 사실은 한 번에 한 가지에만 주의를 기울일 수 있음을 보여준다. 우리가 멀티태스킹을 할 때는 두 가지 활동이 동일한 지력과 주의력을 두고 경쟁을 벌이는데, 이는 뇌에게 실로 어려운 도전이다. 뇌는 동시에 두 가지 일을 다 할 수 없기 때문에 재빨리 두 과제 사이에서 주의력을 왔다 갔다 옮겨 다니는데[46] 과학자들은 이 방법을 (다소 뻔하게도) 과제 전환이라고 부른다.

　과제 전환의 문제점은 두 과제 모두 뇌에게 무엇을 해야 한다는 지시와 관련된 정보를 요구한다는 것이다. 우리가 책을 읽으면서 동시에 이메일을 쓰고 싶어 한다고 하자. 한 챕터를 읽기 시작하지만, 다시 이메일로 주의를 돌리면 뇌는 독서를 위해 준비해두었던 지시를 멈추고 글쓰기를 위한 청사진을 짜야 한다. 우리가 메일을 쓰기 시작하면, 독서를 하던 뇌가 메일 쓰기에 적응하는 동안 짧은 지연이 생긴다. 동시에 뇌는 메일에 무엇을 써야 할지 판단해야 하므로 각 과제를 수행하는 능력이 당연하게도 떨어지게 된다. 마찬가지로 다시 책 읽기로 전환할 때 뇌는 이번에도 자신을 재정비해야 하고, 그 결과 한 번에 한 가지씩만 할 때와 비교해 읽기와 쓰기 모두 생산성이 떨어진다. 텔레비전 채널을 계속 돌리는 것과 마찬가지다. 채널들을 하나하나 넘기기만 할 뿐 어떤 프로그램이 제공하는 극적 경험을 아무것도 온전히 얻지 못한다.

　그 이유는 뇌에서 집행을 담당하는 영역들과 깊은 관련이 있다. 전두피질*은 우리 뇌의 인지 기능 전반을 통제한다.

이게 무슨 말이냐면, 무엇에 주의를 기울일지, 뇌가 저장해두었던 정보 중 지금 상황에 필요한 것이 무엇인지를 판단한다는 뜻이다. 전두피질은 우리가 하는 일을 모니터링하고, 당면한 과제에 주의를 얼마나 기울일지 최종 결정을 내린다.

나이가 들수록 전두피질은 나머지 영역들과 협력하는 일을 예전처럼 효율적으로 해내지 못한다. 전두피질과 다른 영역들 사이, 예컨대 주의력 영역과 기억 영역 사이의 연결성이 훨씬 떨어지는 것이다. 그러니까 나이가 들면 젊은 시절에 비해 뇌가 과제 전환을 하기가 더 어려워진다는 말이다.[47]

그래도 여러분에게 약간의 희망을 남겨주자면, 우리 뇌도 조금은 멀티태스킹을 할 수 있다. 과제들이 서로 전혀 다른 유형의 활동일 경우에는 말이다. 예를 들어 우리는 말을 하면서 동시에 글쓰기를 효율적으로 할 수 없고, 텔레비전 드라마를 보면서 독서를 할 수 없다. 두 과제 모두 언어 영역의 기능을, 그것도 높은 수준으로 요구하기 때문이다. 하지만 사

★ 이에 관여하는 전두-두정 영역에는 배외측 전전두피질과 전방대상피질이 포함된다. 이 영역들은 한 가지 과제에 주의를 우선적으로 배정하고 덜 중요한 다른 과제로 가는 주의는 줄이는 일을 담당한다.

용해야 하는 뇌 영역이 겹치지 않는다면 우리 뇌도 이중의 정
보 흐름을 처리할 수 있다. 우리는 음악을 듣거나 오디오북(이
를테면 어느 유쾌한 영국인이 쓴 뇌과학책)을 들으면서 달리거나 걷
는 동작 과제는 수행할 수 있다. 아침에 조깅을 하면서 음악
을 들어도 넘어지지 않는 이유다. 그러니까 정말로 멀티태스
킹을 하고 싶다면, 우리 뇌가 각자 따로 처리할 수 있는 활동
을 조합하는 창의적인 방법을 찾아보자.

✳

우울증은 무엇이며,
뇌에 어떤 변화를 일으키는가?

우울증은 개인마다 다양하게 나타나는 광범위한 증상으로 사람을 매우 힘들게 하는 병으로, 짧게 정리하자면 부정적인 생각과 감정의 삽화가 나타나는 기분장애다. 하지만 실제로는 그보다 훨씬 더 복잡하다. 우울증은 재발률이 높은 병으로(88퍼센트가 두 번 이상의 삽화를 경험한다) 삶의 여러 측면으로 스며들어 기분과 동기, 수면, 집중력에 영향을 미치고, 결국에는 자살 생각에 빠지기 쉬운 상태에 이르게 한다.★● 해마다 우울증에 시달리는 사람의 수는 충격적일 정도로 많다. 전체 인구의

★   영국의 depressionuk.org나, 미국의 adaa.org, 캐나다의 mdsc.ca처럼 도움을 받을 수 있는 여러 웹사이트가 있다.

●   한국에는 자살예방상담전화 1393, 한국자살예방협회 http://www.suicideprevention.or.kr/, 한국생명존중희망재단 https://www.kfsp.org/ 등이 있다.

약 20퍼센트는 삶의 어느 시기에든 한 번은 우울증에 걸리는데, 대개 20대 중반부터 30대 초에 처음 나타난다.[48]

여러분은 이미 우울증에 관한 여러 정보를 많든 적든 접해봤을 것이다. 아마 우울증이 **세로토닌**이라는 뇌 속 신경전달물질의 불균형과 관련된 일이라는 이야기를 들었을 확률이 높다. 이는 20세기에 고혈압 치료제가 우울증과 유사한 증상을 일으킨다는 사실이 발견되면서 대두된 개념이다. 레세르핀이라는 이 약은 세로토닌, 도파민, (노르에피네프린이라고도 부르는) 노르아드레날린을 포함하는 모노아민이라는 신경전달물질군의 양을 줄이는 것으로 보였다. 그래서 이 과정을 설명하는 이론은 **모노아민 가설**monoamine hypothesis이라 불린다. 모노아민, 그중에서 특히 세로토닌 농도가 낮아지는 것이 우울증 상태의 뇌에서 발견되는 현상인 것은 사실이나, 우울증 치료를 위해 그 농도를 높인다고 항상 좋은 결과가 나오는 것은 아니다. 낮은 세로토닌 농도가 우울증을 초래한다는 가설은 완벽과는 거리가 멀지만 그래도 여전히 인기 있는 설명으로 남아 있는데, 세로토닌을 증가시키는 여러 약물이 우울증 완화 효과가 있다는 것이 그 이유다.* 오늘날 판매되는 모든 항우울제는 최소한 한 가지 이상의 모노아민을 증가시킨다. 하지만 약물이 조금이라도 효과를 내기까지 오랜 시간이 걸리고 약 30퍼센트의 사람은 전혀 약에 반응하지 않는다는 증거가 있기 때문에, 모노아민 가설은 여전히 갈피를 잡기 어려운 상태로 남아 있다.

그래도 희망의 불씨는 남아 있다. 최근 사용 승인을 받은 에스케타민이라는 새로운 약물이 일반적인 항우울제로 도움을 받지 못하는 사람에게 특히 효과가 있는 것으로 알려졌다. 이 약은 두 시간 만에 효과를 내기 시작하며 자살 생각을 포함한 중증 증상을 상당히 줄일 수 있다. 다른 항우울제들과는 효과를 내는 방식이 완전히 달라서 더 흥미로운데, 에스케타민은 글루타메이트라는 신경전달물질이 뇌의 특정 경로들에 영향을 미치는 방식에 변화를 줌으로써 최종적으로는 뉴런이 성장하도록 돕는 단백질인 뇌유래신경영양인자BDNF를 증

★　뉴런 표면에는 시냅스에서 방출한 세로토닌 등의 신경전달물질 잉여분을 흡수하는 수용체들이 존재한다. 이는 뉴런들이 재빨리 신호를 받게 하고, 신경전달물질이 남아 떠다니며 계속 활성화되어 있는 걸 막기 위함이다. 이러한 재흡수 수용체들을 선택적 세로토닌 재흡수 억제제라는 약물이 차단한다. 이 약을 복용하면 이제 시냅스에 더 많은 세로토닌이 존재하게 되는데, 애초에 세로토닌 농도가 낮은 경우 그 양이 증가하는 것은 매우 중요한 일이다.

가시킨다. 뇌유래신경영양인자에 관해서는 뒤에서 더 자세히
살펴볼 것이다.

과학자들이 우울증 치료를 위해 사용하는 방법이 조제약
만은 아니다. 전통적 치료가 듣지 않는 사람을 치료할 더 나
은 방법을 찾는 과정에서 환각 약물인 실로시빈을 시험하여
큰 성공을 거두었다. 이 환각제가 중독·불안증·우울증 등을
치료하는 데 효과가 있을 수도 있고, 심지어 명상에도 도움이
된다는 의견이 오랫동안 제기되었다. 최근 한 소규모 임상시
험에서 실로시빈이 우울증과 불안증 모두에서 효과가 있음이
증명되었는데, 이는 뇌 속에 세로토닌과 글루타메이트를 증
가시킨 결과일 가능성이 크다.[49] 더 많은 참가자를 대상으로
한 더 다양한 연구가 필요하겠지만, 일단 초기 데이터는 긍정
적이다.

뇌는 변한다

건강한 뇌는 시간의 흐름과 함께 변할 수 있고 또한 변화
한다. 새로운 연결을 만듦으로써 우리가 평생에 걸쳐 새로운
걸 배우도록 돕는 것이다. 그런데 우울증 상태에서는 이 연결
중 다수가 시간이 가면서 점차 소실된다.

과학자들은 MRI 같은 뇌 영상 기술을 통해 우울증에 걸렸을 때 특정한 뇌 영역들이 줄어든다는 것을 확인했다. 해마의 기억 영역뿐 아니라 그 기억들에 담긴 의미를 전달하는 근처 영역들(전전두피질과 전방대상피질)이 우울증 환자들에게서는 더 작아져 있었던 것이다. 이 영역들이 쪼그라드는 이유는 (뉴런과 시냅스로 이루어진) 회색질, 특히 우리의 감정적 사고를 관장하고 세계뿐 아니라 자신을 보는 관점을 담당하는 영역들의 회색질이 소실되기 때문이다. 일상적 경험에 담긴 감정적 내용은 정신건강을 유지하는 데 매우 중요한 요소이며, 이는 우울증 상태에서 우리 내면의 생각과 감정에 큰 영향을 미칠 수 있다.

치료받지 않은 우울증 환자와 치료한 우울증 환자를 비교하면 해마의 **치아이랑**dentate gyrus도 심하게 줄어들어 있다.[50] 치아이랑은 기억 영역의 일부로서 뇌가 새로운 기억을 만드는 일을 돕는다. 과학자들은 긍정적인 감정과 새로운 기억을 연결하는 우리의 능력이 우울증과 어떤 관계가 있는지 알아보기 위해 치아이랑에 많은 관심을 기울이고 있다.

스트레스, 뇌의 가장 위험한 적

우울증은 뇌에 어떤 변화를 일으킬까? 과학자들도 이 질 문에 정확한 답을 모두 밝혀내진 못했지만, 분명한 사실은 만 성적 스트레스가 그런 변화를 일으키는 원인 중 하나라는 것 이다. 만성적으로 스트레스를 경험한 설치류의 해마와 치아 이랑 영역이 더 작아진 것을 관찰했기 때문이다.[51]

몸은 스트레스에, 특히 장기적인 만성 스트레스에 매우 민 감하다. 시상하부-뇌하수체-부신 축(HPA축)은 뇌의 스트레스 통제 센터로 스트레스 처리를 돕기 위한 호르몬을 내보낸다. 우울증 상태에서는 HPA축이 잘 조절되지 않은 결과, 스트레 스 호르몬 **코르티솔**의 농도가 정상보다 높다. 이 현상은 치료 반응이 저조한 것 그리고 우울증 재발 확률이 높아지는 것과 도 상관관계가 있다. 이 점을 생각하면 우울증 치료는 HPA축 의 균형 회복에 초점을 맞추는 것이 타당할 것 같지만, 지금 까지 이를 조절하려는 어떤 시도도 실질적인 효과를 내지는 못했다. HPA축의 조절 불량이 우울증에 미치는 영향을 이해 하기 위해서 아직 알아내야 할 것이 많다는 말이다.

최근 한 연구에서 연구진은 음식, 배고픔, 감정적 반응에 따라 활성화되는 시상하부의 특정 뉴런 집단(궁상핵)을 살펴보왔다.[52] 연구진은 친구나 가족의 갑작스러운 죽음 같은 예상하지 못한 스트레스가 있을 때 이 특정 뉴런들의 활성도가 떨어진다는 것을 알아냈다. 스트레스 상황에서 이 뉴런들은 원래 작동해야 하는 방식대로 작동하기를 멈췄는데, 이는 개별적인 트라우마 사건이 사람을 우울증의 하강 나선으로 떠밀어버리는 이유 중 하나일 수 있음을 증명한다. 그런데 흥미로운 점은 이 뉴런들을 다시 작동하도록 구슬릴 수도 있다는 것이다. 이 방법을 활용해 우울증과 비슷한 증상을 겪는 동물들의 상태를 원래대로 되돌리기도 했다. 동물 연구에서 진짜 우울증을 재현하는 것이 어려운 일이기는 하지만, 어쨌든 연구팀은 자신들이 찾고 있던 잃어버린 연결고리를 발견한 셈이다. 우울증이 있는 동안에는 억제되고 우울증이 없을 때는 활성화되는 이 특정 부류의 뉴런은 심한 스트레스를 안겨주는 갑작스러운 사건에 대처할 때 결정적 역할을 할 것이다. 이 점이 중요한 이유는 언젠가 이 뉴런의 활성도를 인위적으로 높일 수 있는 약물이 나온다면 우울 증상 및 우울증 기저에 있는 신경생물학적 요인을 뒤집을 수도 있을 것이기 때문이다.

스트레스 게임에 참여하는 또 하나의 중요한 선수는 뇌유래신경영양인자, 줄여서 BDNF이다. BDNF는 뉴런들의 생명을 유지하며 성장을 촉진하는 단백질로 뇌가 스트레스를 처리하도록 돕는 일에서 매우 중요한 역할을 한다. BDNF 수치가 평소보다 낮으면 우리는 스트레스에 더 취약해진다. 게다가 BDNF 수치는 우울증 상태일 때 감소하고 항우울제를 복용하면 증가하며 우울증 증상과도 밀접한 상관관계를 보인다. 이 때문에 과학자들은 우울증을 앓는 동안 뇌 영역이 쪼그라드는 일에 BDNF가 영향을 미칠 거라고 생각한다. 아직 BDNF에 변화가 일어나는 이유가 무엇인지 정확히는 모르지만, 일부 경우는 BDNF를 부호화하는 DNA에 일어난 약간의 변이 때문이다. 이 변이로 인해 뉴런 각각의 DNA 청사진이 달라지며, 이는 결국 회색질 소실과 특정 뇌 영역이 쪼그라드는 결과로 이어진다. 이 과정은 해마에서도 일관적으로 관찰되는데, 해마는 기억 기능에서만이 아니라 우리의 감정 네트워크에서도 중요한 부위다. BDNF 변화가 미치는 영향은 너무 커서 이 변화가 일어난 것만으로도 살면서 어느 단계에선가는 우울증이 발병할 확률이 높아진다.

가까운 가족 중에 우울증 환자가 있는 사람이 우울증에 걸릴 확률이 그렇지 않은 사람의 약 3배이므로 과학자들은 우울증에 유전적 요소도 있다고, 즉 DNA도 어느 정도 역할을 한다고 생각하지만, 어떤 사람은 우울증에 시달리고 또 어떤 사람은 그렇지 않은 이유는 아직 명확히 밝혀지지 않았다. 또 살면서 여러 차례 우울증 삽화를 겪는 이유도, 여러 유형의 치료가 듣지 않는 이유도 마찬가지다. 하지만 유전적 위험성이라는 말은 반드시 우울증에 걸린다는 의미가 아니라 민감성이 높다, 즉 걸리기 쉽다는 말일 뿐이다. 우울증 발병 여부에 유전자가 전부는 아니다.

생애 초기 스트레스는 성인이 된 후 우울증 발병에 큰 역할을 한다. 이 시기의 스트레스는 유전자의 작동 방식에 변화를 일으킬 수 있는데, 이를 연구하는 분야를 후성유전학이라고 한다. 예를 들어 생애 초기 스트레스는 뇌 속 BDNF와 HPA축의 뉴런들에게 영향을 줄 수 있는데, 사후 뇌 조직을 검토한 한 연구에서는 아동학대가 전방대상피질 뉴런의 긴 축삭에서 절연체(신호가 더 잘 전달되게 도와주는 미엘린) 일부를 제거할 수 있다는 점까지도 밝혀졌다.[53]

우리가 타고나는 것은 DNA만이 아니다. 우리 몸이 스트레스와 트라우마를 처리하는 방식도 타고난다. 그리고 이 방식은 우리의 정신건강에 심각한 결과를 초래할 수 있다.

우울증이 심장병과 연관이 있다고?

만성적 우울증이 심장병과 관련이 있다는 말을 들으면 조금 놀랄지도 모르겠다. 현재 우리가 아는 한, 우울증을 앓는 동안 뇌에 일어나는 변화가 직접적으로 심장병을 초래한다는 확고한 증거는 없다. 마찬가지로 과학자들은 뇌-장 축에 일어난 변화가 심장병으로 이어진다고도 생각하지 않는다. 그렇다면 우울증과 심장병이 서로 연관이 있다는 게 무슨 소리일까? 우리 몸에서 과연 어떤 일이 벌어지고 있는 것일까?

우울증을 앓은 기간이 길어질수록 심장병이 발병할 위험이 증가하는 것은 우울증이 생활 방식에 미치는 영향 때문인 것으로 추측된다. 저조한 기분과 동기 결여는 시간이 지나면서 점점 더 움직이지 않고 앉아서만 지내는 생활 방식으로 이어지고, 특히 식생활과 영양 면에서 자기 돌봄 수준을 떨어뜨릴 수 있다. 중증 우울증은 건강에 유익한 새로운 루틴을 시작하거나 음식을 만들거나 심지어 집 밖으로 나가고 싶은 욕구마저 감소시킨다.

앞에서도 살펴보았듯이 뇌에 일어난 변화는 실질적인 영향을 미칠 수 있으며 보상과 동기부여 수준을 떨어뜨리고 아무 계획없이 살아가는 원인이 된다. 따라서 심장병과 우울증

의 관계는 여러 해 이어진 건강에 해로운 생활 방식이 결국
건강 문제를 일으키는 것으로 설명된다.

운동

좋은 소식은 다수의 똑똑한 과학자들과 의료 전문가들이
언제든 도움이 될 새로운 방법을 찾아내려 노력하고 있다는
점이다. 우울증이 생기는 이유와 관련해 뇌과학자들이 신경
전달물질의 불균형(모노아민 가설), 스트레스, 심지어 DNA까지
몇 가지 기제를 알아내기는 했지만, 환자에 따라 양상이 천차
만별이라는 사실은 생활 방식이 우울증에 상당히 큰 역할을
하리라는 점을 암시한다.

식생활이나 운동, 수면에 더욱 신경 쓰고 사회적 스트레
스나 업무 스트레스를 줄이는 등의 부가적 요인 개선을 목표
로 하는 이른바 **생활 치료**는, 중등도의 우울증을 약물로 치료
하는 것과 유사한 효과를 낸다.[54] 이 치료에 바탕이 되는 생
각은, 사람은 삶의 고난을 겪을 때 부정적인 감정에 더 민감
해지며 그 결과 우울증에 더 취약해진다는 것이다. 그러므로
만약 그러한 민감성을 어느 정도 없앨 수 있다면 적어도 중증
우울증이 생길 가능성을 어느 정도는 줄일 수 있을 것이다.

운동을 예로 들어보자. 운동은 우울증 증상을 개선하는 데 가장 유익한 생활 습관으로 꼽힌다. 운동은 특히 해마와 전방대상피질, 전전두피질의 크기를 키우는 것으로 밝혀졌다.[55] 앞에서도 말했듯이 이 영역들은 우울증일 때 부피가 감소하는데, 이것이 우울증 증상을 초래하는 원인일 수도 있다. 따라서 운동이 이 영역들의 크기를 키운다는 사실은 매우 중요하다. 우울증은 새로운 뉴런이 생성되는 과정(신경 발생)의 속도도 떨어뜨리는데, 이 과정은 우리의 소중한 BDNF가 조절한다. 정말 신나는 일은 운동이 BDNF를 촉진하며 실제로 뇌 속의 신경 발생을 증가시킨다는 것이다.[56]

그 밖에도 사람들에게 도움을 줄 만한 다른 측면에 초점을 맞추어 설계된 생활 치료도 있다. 일례로 동물 치료는 긍정적인 감정을 높이고 세로토닌 농도를 올리는 것을 목표로 한다.[57] 반려동물을 비롯한 동물과의 상호작용은 우울증과 불안증의 강도를 상당히 낮출 수 있다. 초기 연구가 동물 치료의 잠재력을 보여주기는 했지만, 이 유형의 치료를 어떻게 활용하는 것이 최선인지는 아직 확실하지 않다. 예를 들어 어떤 동물과 얼마나 오래 또는 얼마나 자주 함께 있어야 치료에 도움이 되는지, 약물 요법 등의 다른 치료 전략과 병행하는 것이 좋을지 등의 여러 의문에 답을 찾아야 한다.

　　생활 치료만으로는 당연히 일부 사람들, 특히 상대적으로 더 심각한 증상을 앓는 이들에게는 충분하지 않을 수 있다. 그러나 연구 결과를 보면 다른 치료법과 병행할 때(어떤 치료들을 조합할지는 개인마다 다르겠지만) 어느 정도 도움이 되리라 생각한다.

✳

명상 중 뇌에서는 무슨 일이 일어날까?

최근 점점 더 정신없이 바빠지는 업무 환경과 생활 환경에 맞서 내면의 균형을 되찾고 싶어 하는 사람들 사이에서 마음챙김과 명상의 인기가 높아지고 있다. 수면 개선, 불안 감소, 집중력 향상까지 이룰 수 있다니 잠재적 혜택은 아주 커 보인다. 그런데 정말로 명상에는 그런 효과가 있을까?

수많은 책, 강좌, 잡지 기사 들이 단박에 초심자를 전문가가 되도록 안내해준다며 엄청난 주장들을 늘어놓고 있다. 하지만 과학이 실질적 증거로 이런 주장을 뒷받침하지 못한다면 뭔가 있어 보이는 유행으로 과도한 열기를 만드는 것은 위험한 일일 수 있다.

그렇다면 실제로 과학이 우리에게 말해주는 바는 무엇일까? 단기적으로든 장기적으로든 명상은 뇌에 변화를 일으킬까? 아홉 시부터 다섯 시까지 직장에 얽매인 삶에서 벗어나

집을 명상과 평화로운 사색의 전당으로 바꾸는 것은 가치 있
는 일일까?

명상에는 여러 유형이 있으며 각각 특유의 이점이 존재
하는데, 이 질문에서 우리는 마음챙김 명상만을 다룰 것이다.
마음챙김이란 아무런 의도나 판단을 개입시키지 않는 특수한
방식으로 자신의 생각과 감정에 주의를 기울이는 법을 배워
가는 과정이다. 달리 표현하면 현재 자신이 육체적으로, 정신
적으로, 혹은 영적으로 무엇을 느끼고 있는지에만 집중하도
록 마음을 맑게 만드는 방법이다.

명상 효과의 근거는, 뇌의 감정 영역과 의식 영역(대략 우
리가 내면의 사고라 여기는 것)을 연결하는 신경망 일부를 우리가
재설정할 수 있다는 데 있다. 뇌과학에서는 이 신경망을 디폴
트 모드 네트워크*라고 부른다. 디폴트 모드 네트워크는 기본
적으로 우리가 뇌에게 아무 할 일도 주지 않을 때, 즉 뇌가 다
음에 일어날 일을 기다리며 공회전하고 있을 때 작동한다. 어

★   뇌에 아무 과제도 없을 때 활발해지고 뇌가 뭔가를 하느라 바쁠 때
는 조용해지는 뇌 영역들이다. 이 영역들을 다 외울 필요는 없지만, 디폴트 모
드 네트워크에는 후방대상피질, 외측 측두피질, 내측 전전두피질, 두정피질,
쐐기앞소엽, 해마가 포함된다.

쩌면 여러분은 책을 읽거나 말을 하는 것 같은 특정한 일을 하지 않을 때면 뇌도 휴식하며 긴장을 풀고 있을 거라고 생각했을지 모른다. 하지만 그렇지 않다! 쉬는 동안 우리 뇌는 신체가 소비하는 전체 에너지의 약 20퍼센트를 쓴다. 이는 디폴트 모드 네트워크가 실제로 매우 중요하며 상당히 활발히 활동한다는 것을 의미하는데, 특히 우울증 같은 기분장애 상태에서 더욱 그렇다. 인식과 감정적 반응을 책임지는 이 네트워크는 자기성찰, 즉흥적 생각, 목적 없이 떠도는 마음 등을 담당한다. 그렇다. 뇌에는 실제로 목적 없이 떠도는 마음을 처리하는 과정도 존재한다!

명상을 하는 동안에는 편도체를 비롯해 디폴트 모드 네트워크의 주요 영역들 사이에서 오고가는 활동이 줄어든다. 편도체는 감정 처리 과정에서 자주 등장한다. 과거에는 편도체를 공포 중추로만 여겼지만, 이제 우리는 편도체가 감정적 반응을 통제하는 주요 영역임을 알고 있다. 명상은 디폴트 모드 네트워크의 활동을 감소시키므로, 우울증과 관련된 감정들, 특히 자기반추 및 반복되는 부정적 생각으로 인한 문제에 도움을 줄 수 있음이 신빙성 있게 증명되었다.[58] 실제로 명상 수행은 우울증 재발률을 낮출 정도로 긍정적인 효과를 낸다.[59]

장기적인 명상 수행이 우울증에 이로운 이유는 전두피질의 회색질(뉴런과 시냅스) 증가와도 관련이 있다. 우리의 의식적 사고는 바로 이 전두피질에서 생성되므로, 명상하면서 내면의 생각에 집중하는 일은 뇌세포의 밀도를 높일 수 있다. 또 회색질이 증가한다는 것은 뉴런과 시냅스가 더 많아진다는 의미이며, 이는 자기성찰 능력을 향상시키고 다양한 감정 상태를 인지하는 데 도움이 된다. 우울증 삽화 중에 실시한 뇌 스캔을 보면 중증 증상과 관련된 뇌 영역들이 쪼그라든 게 보인다. 그러니 회색질을 증가시키는 명상의 효과는 더욱 중요하게 부각된다. (우울증에 관한 뇌과학 지식을 알고 싶다면 언제든 앞 페이지를 다시 읽어보시길). 이 모든 것에 더해 명상은 항우울제들의 일차 표적인 뇌 속 세로토닌의 수치도 높인다. 앉아서 명상하는 행위만으로도 여러분의 뇌에 실질적 변화를 일으킬 수 있다는 말이다.

불안증에 시달리는 사람도 명상에서 실질적인 혜택을 얻을 수 있다. 불안증에 관한 50건 가까운 연구를 분석하자 명상을 겨우 8주만 해도 성공적으로 증상을 개선할 수 있다는 결과가 나왔다.[60] 또 명상이 외상 후 스트레스 장애와 ADHD, 섭식장애 개선에도 도움이 된다는 증거가 있으며, 특히 명상

을 수년간 한 경우 일상에서 주의력 수준도 높아졌다.[61]

하지만 주의해야 할 점도 있다. 최근에는 명상 중에 부정적이고 불쾌한 경험을 할 수도 있음을 보여주는 연구들도 나오고 있다. 규칙적으로 명상을 하는 사람 1,200여 명을 조사한 결과, 25퍼센트 이상이 때때로 불쾌한 경험을 한다고 답했는데 그 불쾌한 경험이란 주로 명상 중에 부정적인 생각이 반복적으로 떠오르는 일이었다.[62] 아직 그 이유가 무엇인지 밝혀지지 않았지만 흥미로운 점은, 이렇게 응답한 사람 대부분이 집에서 혼자 명상한 것이 아니라 다양한 명상센터에서 수련한 이들이라는 것이다.

하지만 두려워할 필요는 없다. 이렇게 명상을 하면서 심란한 생각에 사로잡히는 경험은 대부분 자기 내면을 통찰하는 일에 강렬히 집중하는 특정 명상 유형과 관련된 것이기 때문이다. 다시 말해서, 그렇게 마음을 괴롭히는 경험은 자신의 감정적 경험을 표현하고 처리하는 개인의 방식 때문에 생겨나는 것이며, 명상하면서 감정적 경험을 반추하다 보면 때로 불쾌한 반응이 일어날 수도 있다.

명상이 우리에게 그렇게 강력한 경험을 안겨주는 이유는 디폴트 모드 네트워크가 감정 조절에 미치는 영향력이 매우 크기 때문이다. 아무 일도 하지 않고 가만히 앉아 있었던 때를 생각해보라. 그럴 때 마음이 얼마나 분주히 움직이는지를. 명상을 하면서 그 생각들을 인정하고 유연히 조절하는 법을 배우게 되는데, 이는 스트레스가 심한 일상의 많은 부분에 영향을 줄 수밖에 없다. 이는 대체로 유익한 일이지만, 안타깝게도 일부 사람들이 경험했듯 불쾌한 생각이 일어나는 이유가 되기도 한다.

직접 시도해보고 싶다면 음악의 조력을 받아보는 건 어떨까? 새롭고 익숙하지 않으면서, 반복적인 선율이 두드러지는 음악을 들으며 명상하면 명상에서 얻는 감정적 혜택을 더욱 증폭할 수 있다.

✳

남자의 뇌와 여자의 뇌는 서로 다를까?

이는 대답하기 쉬운 단순한 질문처럼 들린다. 뇌를 스캔해보고 몇 가지 검사를 하면, 짠하고 답이 나타날 게 아닌가! 하지만 성별 간의 차이점들을 기술하는 논문이 있는가 하면, 그와 맞먹는 수의 논문이 아무 차이도 없거나 적어도 우리가 생각하는 것보다 차이가 훨씬 미미하다고 말한다.

진실은 현대 과학이 아직 어느 쪽 주장에 대해서도 결정적인 증거를 제시하지 못했다는 것이다. 과학은 개별 연구들에서 개인적 차이가 나타났을 수는 있지만, 남녀의 뇌에 실질적인 차이는 존재하지 않는다고, 적어도 일상생활에서 알아차릴 만한 차이는 존재하지 않는다고 말한다.

환경의 영향(과학적 의미로 유전자 이외에 신체에 변화를 일으키는 모든 영향)은 우리가 변화하고 적응하는 방식에 관여해 성 역할을 강고하게 확립해놓았다. 여성은 흔히 더 감정적이고 감정이입과 돌봄에 적합하고, 남성은 논리와 비판적 사고 쪽에 더 맞춰져 있다고 여긴다. 자신의 관점을 뒷받침하는 차이를 찾아내고자 하는 것이 인지상정인지라 이런 편견은 과학 연구 자체에도 스며들며, 이 때문에 과학적 사실을 해석하는 일이 더 어려워지기도 한다.

미국의 한 연구팀은 뇌 영상을 사용해 남성과 여성에게서 양쪽 뇌 반구의 연결을 관찰했다.[63] 실제로 이들은 성별 간 차이점을 발견하여 남성의 뇌는 반구 내부의 연결성이 더 좋고 여성의 뇌는 두 반구 사이의 연결성이 더 좋다는 점을 상세히 설명하고, 이 차이는 에스트로겐 농도와 연관이 있는 것 같다는 의견을 제시했다. 하지만 이 연구는 발달이 활발히 진행 중인 청소년기의 뇌만을 대상으로 삼았기 때문에 성인 뇌의 차이를 정확히 설명하지는 못한다.

양쪽 뇌 반구 사이가 더 잘 연결되어 있을수록 뇌 전체에서 메시지들이 더 효율적으로 조율된다는 것을 보여준 연구들이 있고, 이와 더불어 다수의 연구가 여성의 뇌에 회색질이 훨씬 더 많다는 결과를 내놓았다.[64] 회색질은 뉴런과 신경교세포, 시냅스가 존재하는 곳이며, 반대로 백색질은 절연체 미엘린이 감싸고 있는, 뉴런의 긴 축삭이 자리한 곳이다. 흥미롭게도 여성은 뇌 손상을 입었을 때도 남성에 비해 예후가 양호한 편인데, 연구자들은 에스트로겐이 여성의 신경교세포들에게 영향을 미치기 때문이라고 보았다. 에스트로겐이 염증을 줄여 뇌를 보호하는 역할을 한다는 사실이 알려진 지 제법 되었고, 실제로 신경교세포 생성을 30퍼센트까지 높여 외상성 뇌손상에서 회복하도록 돕는 모습도 관찰되었기 때문이다.[65]

여성의 회색질은 내측전전두피질, 안와전두피질, 후방섬엽 같은 영역들에 집중되어 있고, 남성의 경우 시각피질과 소뇌, 운동 영역에 더 많은 편이라는 보고도 있었다.[66] 그러나 뇌의 상대적 크기와 나이를 고려해 결과값을 적절히 조정하면 그 차이는 그렇게 명확히 나뉘지 않는다는 것이 더 일관된 견해다. 여성이 미세 운동 조정과 읽기와 쓰기 능력에서 남성을 능가한다고 단언한 어느 스페인 연구팀의 연구 결과를 고려하면 놀라운 일이다. 하지만 이런 특징들은 실험실에서 통제할 수 없는 외부 요인들에 대단히 많은 영향을 받는다.[67] 예를 들어 평생 동안 한 사람의 발달, 그의 관심사, 취미, 학습과 경험이 모두 영향을 미칠 것이기 때문이다.

구조적 차이들이 일관적으로 관찰되기는 하지만, 중요한 건 기능적으로는 별 차이가 없다는 점이다. 이는 뇌 영상으로 구조물을 관찰하면 몇몇 차이점이 드러날 수는 있지만, 그것이 사실 큰 의미는 없다는 말과 같다. 즉 그냥 뇌 구조만 척 보고 남성의 것인지 여성의 것인지 알아차릴 수 있는 차이는 확실히 존재하지 않는다.

미레일 니우엔하위스Mireille Nieuwenhuis와 동료들은 뇌 구조의 차이만으로 남녀의 뇌를 구분할 수 있다고 말할 만큼 구체적인 차이를 발견했다.[68] 그러나 이와 대조적으로, 25만 명 넘는 뇌를 검토한 한 연구에서는 어떠한 차이도 발견하지 못했다. 또한 작은 차이들을 발견한 연구들은 검사 유형에 따라 매번 다른 결과가 나왔다.[69] 이는 인지 과제를 던져주고 남녀 뇌의 차이를 시험하려 한 연구들에서 특히 두드러졌다. 한 무리의 여성에게 셰익스피어에 관한 책을 주고 남성들에게는 해리 포터에 관한 책을 주었다면, 실험 참가자들이 각 책을 묘사하거나 공감을 표하는 방식에 차이가 나는 게 당연하지 않겠는가. 솔직히 그런 차이가 각 그룹의 뇌가 서로 다름을 의미하지는 않는다. 그냥 셰익스피어보다 해리 포터를 더 좋아하는 사람도 있게 마련인 것이다.

과학 문헌에 실린 성별 차이 사례 다수는 뇌 크기에 따른 차이다. 평균적으로 남성의 뇌가 11퍼센트 더 큰데, 일부 과학자들은 이것이 뉴런의 수가 더 많고 지능 혹은 IQ가 더 높은 결과라고 말한다.[70] 물론 11퍼센트가 큰 차이이기는 하지만, 신체와 뇌의 비율을 고려하여 조정하면 데이터의 차이는 사라진다. 좀 더 법의학적 방식으로 설명하면, 뇌 크기에 따른 IQ 차이는 남녀 사이뿐 아니라 모든 사람에게서 전혀 존재하지 않는다. 이는 줄곧 일관되게 증명된 사실이다.[71]

하지만 남자와 여자는 실제로 다르긴 하니, 호르몬을 살펴보면 어떨까? 분명 남성과 여성은 호르몬에서 차이가 있다. 에스트로겐과 프로게스테론은 현저하게 여성에게서 더 많이 발견되며 테스토스테론은 남성의 발달에 영향을 미친다. (하지만 이 호르몬들은 남녀 모두에게 존재한다. 그렇다. 남성에게도 에스트로겐이 있다.) 발달기의 호르몬 변화로 차이를 설명할 수도 있다. 특히 나이가 어린 연구 참가자들의 경우에는 더욱 그렇다. 그런가 하면 생활 방식의 영향으로 차이가 생기기도 하고, 그 차이가 시간이 흐르는 동안 몸과 뇌의 변화를 초래하기도 한다. 이런 변화를 후성유전적 변화라 하며, 이는 남녀 사이에 일관된 기능적 차이를 발견할 수 없는 이유로 작용하므로 특히 중요하다. 뇌가 자신도 다른 사람들의 뇌와 같은 결과를 내도록 스스로 적응하고 재배선한다는 뜻이다. 이렇게 뇌가 남들과 같은 결과를 내는 쪽으로 재배선되는 가소적 변화를 설명해 주는 메커니즘 중 하나가 바로 후성유전적 변화다.

　뇌는 사람마다 다르게 보일지 몰라도 그 다름을 보상하며 서로 비슷한 정도의 수준으로 작동한다. 실험 연구는 개개인의 차이를 결코 설명하거나 재현하지 못한다. 남성과 여성의 뇌에 미묘한 차이가 있을 수는 있어도 서로 겹치는 부분도 많고 개인차도 존재하므로, 결국 두 성별 사이의 차이는 거의 없다는 것이 연구자들의 전반적인 합의다.

※

의식이란 무엇인가?

사람들에게 "당신에게는 의식이 있습니다"라고 말한다면 뻔한 소리처럼 들릴 것이다. 내 말은, 여러분은 말을 하고 생각을 하며 웃고 미소 짓고 게다가 뇌과학 책도 읽으니까, 그러니까 당연히 의식이 있는 것 아니겠는가?

보통 우리는 의식을, 우리 주변 세계와 그 안에서 우리가 하는 개인적 경험에 대한 인식이라고 정의한다. 우리는 우리에게 의식이 있으며 의식적으로 세계를 경험한다는 사실을 인식하고 있지만, 그 인식이 과학적으로 무엇을 의미하는지 정의하려고 하면 상황은 꽤 까다로워진다.

예를 들어 만약 우리가 인간의 의식을 지녔다면, 동물에게는 어떤 의식이 있을까? 동물의 의식도 우리와 같은 수준의 의식일까? 나무는 또 어떨까? 지금 여러분이 앉아 있는 의자는? 좋다. 그러면 우리처럼 생각하고 말할 수 있는 컴퓨터는 어떤가? 어디에 선을 그어야 하며, 어떻게 해야 뇌과학 책에 걸맞게 의식을 정의할 수 있을까?

　과학자들이 의식을 증명하거나 정의하기가 그토록 어려운 이유 중 하나는 뇌 안에서 일어나는 상호작용이 너무나도 많기 때문이다. 각 상호작용은 각각이 속한 특정 무리 안에서 영향력을 발휘하며, 한 가지 경험에 대해서도 극도로 주관적인 여러 정의가 있기 때문에 의식은 연구하기에 몹시 복잡한 대상이 된다. 뇌과학자들에게 필요한 것은 의식을 나타내는 표지標識다. 요컨대 뇌 또는 몸이 하는 일 중에 우리에게 "그래, 이거야. 우리에겐 의식이 있고 우리는 바로 지금 아주 멋진 삶을 살고 있어"라고 말해주는 일들 말이다.

　의식을 일정하게 측정하기 위해서는 우리가 하루를 보내며 하는 경험을 뇌 안의 신경 메커니즘과 연결 지을 방법이 필요하다. 우리가 의식을 **볼** 방법이 필요하다는 말이다. 이를 위해서는 뇌가 주변 세계에서 받는 모든 입력(자극), 그러니까 청각적, 시각적, 언어적 자극과 신체가 만들어내는 모든 동작의 입력을 평가할 수 있어야 한다. 이 모두를 조합하면 한 사람의 인식과 의식적 경험을 지각할 수 있을 것이다. 달리 표현하면, 과학자들은 뇌의 특정 영역들을 동시에 측정하여 뇌가 그 모든 정보를 어떻게 활용하는지 그리고 우리가 그것을 정말로 인지하고 있는지를 알아볼 수 있다. 이는 잠잘 때나 뇌사 상태 혹은 다른 이유로 의식이 없을 때와 깨어 있을 때를 비교해 생각해보면 잘 이해할 수 있다. 때에 따라 우리의 의식적 경험이 달라지는 것은 우리가 자고 있을 때는 그 자극들을, 적어도 깨어 있는 시간만큼은 명료히 인지하지 못하기 때문이다.

상황을 더 복잡하게 만드는 것은, 뇌파와 뇌 활동을 측정하는 뇌전도를 써도 의식은 측정할 수 없다는 것이다. 의식은 그보다 훨씬 더 독특하고 미묘하기 때문이다. 뇌전도의 측정 기록은 우리가 생각하는 것만큼 의식을 반영하지 못한다. 이 때문에 과학자들은 우리가 의식하는 방식이 전반적인 뇌 활동의 결과라기보다는 뇌 속 작고 특정한 영역들이 서로 나누는 의사소통의 결과라는 믿음을 갖게 됐다.

뇌과학자들이 **할 수 있는** 일도 있기는 하다. 그것은 깨어서 의식이 있는 상태인 사람의 뇌 활동을 관찰하고, 이를 그 사람이 자고 있을 때나 마취된 상태의 뇌 활동과 비교하는 것이다. 기능성 자기공명영상 스캔은 마취에서 깨어나 의식을 회복할 때의 뇌 활동 패턴 변화를 완벽하게 식별할 수 있다.[72]

이런 데이터를 기반으로 세워진 의식에 관한 한 가설은, 의식
이란 뇌가 우리의 감각에서 오는 정보를 해석하는 방식일 뿐
이라고 말한다. 한꺼번에 너무 많은 정보가 들어오기 때문에,
진화를 거치는 동안 뇌가 많은 정보를 동시에 처리하여 우리
에게 의식으로 지각되는 것을 산출하는 방식을 습득했다는
것이다. 의식이란 그 모든 입력으로 만들어내는 출력에 지나
지 않는다는 말이다. 우리가 처한 환경에서 살아남아 번성하
도록 돕기 위해 뇌는 일종의 아바타를, 다시 말해 마치 유체
이탈 같은 경험을 창출하여 이 모든 정보를 요약하는 것이다.
이렇게 함으로써 우리는 더욱 복잡한 방식으로 사고할 수 있
고 다른 사람의 입장에 서서 생각할 수 있으며 자신을 돌아볼
수 있다. 우리는 이 아바타 혹은 마음속에서 전체를 조망하는
시각을 우리 내면의 생각으로 경험한다.

　컴퓨터를 상상해보자. 컴퓨터의 외형은 컴퓨터 칩, 전선
등의 하드웨어로 만들어진다. 컴퓨터는 이렇게 구성된 하나
의 집합체로서 윈도우 같은 운영체제를 돌리고, 이 운영체제
는 다시 워드프로세서처럼 우리가 필요로 하는 프로그램을
돌린다. 의식도 이와 유사할 것이다. 뇌의 뉴런끼리 주고받는
신호들이 한데 모여 복잡한 운영체제를 형성하고, 이것이 하

나의 프로그램으로 혹은 우리를 둘러싼 세계에 대한 의식적 경험으로 완성된다. 넓은 범위에서 보면 의식은 그저 감각 입력들에 지나지 않을지도 모른다.

우리의 무의식은 어떨까? 벤저민 리벳Benjamin Libet과 동료들이 한 실험은 흥미로운 현상을 보여주었다. 이들은 실험 참자가들이 단순한 동작을 취하는 동안 뇌 활동을 기록했다.[73] 이 기록이 보여준 사실은, 우리가 움직이겠다는 결정을 인지하기 약 0.5초 전에 뇌는 이미 움직이겠다고 마음먹는다는 것이다. 뉴런이 신호를 보내는 데 1000분의 1초가 걸린다는 점을 고려하면 0.5(1000분의 500)초는 뇌에서는 아주 긴 시간이다. 이 결과는 다소 논쟁적이어서, 연구팀의 시간 측정법에 심각한 문제가 있어서 정확하지도 않고 쓸모도 없는 결과를 내놓았다고 생각하는 과학자들도 일부 있다. 하지만 더 최근의 연구들은 리벳 팀의 결과가 맞았음을 확인했고, 심지어 그 시간 차이를 원래 측정했던 것보다 3배가 더 긴 약 1.5초까지 잡기도 했다.[74]

그렇다면 이 0.5초 동안 무슨 일이 일어나는 것일까? 이에 대해 연구자들은 무의식적 인지와 의식적 인지 사이에는 분명하고 명확한 차이가 존재하며, 우리는 무의식적 인지 과정을 얼핏 엿볼 수 있을 뿐이라는 견해를 제시한다. 많은 경우 우리의 의식적 사고에 지대한 영향을 미치는 무의식이 우리의 의식 경험을 추동하는 진짜 주인공이며, 우리의 내적 사고는 뇌가 무의식의 세부 내용 중 일부를 우리에게 설명해주는 방식일 뿐일 가능성이 매우 크다. 더 철학적으로 말하자면, 우리의 의식은 사실상 무의식적 행동을 위한 자동조종장치일 뿐이며, 그 때문에 우리는 온전한 현실을 실제로는 결코 경험할 수 없다는 것이다.

이런 관점에서 보면, 예컨대 동물의 뇌처럼 덜 발달한 뇌 역시 의식을 경험하지만, 아마 우리와 같은 방식으로 경험하지는 않을 것이다. 우리는 동물도 다양한 감정을 경험하며 일종의 '개성' 같은 것도 보이고 심지어 감정이입 같은 복잡한 감정적 반응을 보이기도 한다는 것을 알고 있다. 의식의 수준이 더 높을수록 자기인식도 높아진다. 돌고래를 비롯하여 코끼리, 침팬지 같은 몇몇 특별한 동물들은 거울에 비친 모습을 근처에 있는 다른 동물이라고 생각하는 게 아니라 자신으로 인지한다. 이 사실만으로도 동물이 인지하는 의식의 수준과 세계를 이해하는 방식에 관한 더 많은 질문이 떠오른다.

인류의 의식에 관한 (아직 많이 부족한) 현재의 이해 수준에

서, 우리는 동물의 의식은 무의식적 사고나 복잡한 지각이 상
당 부분 결여된, 훨씬 더 기본적인 수준의 의식일 것이라 가
정한다. 음식, 은신처, 포식자에 관한 동물의 기본적 사고는
종마다 다르기는 하겠지만 우리 인간이 경험하는 것 같은 복
잡한 사고, 내적 대화, 숙고에 따른 결정보다는 본능적 행동이
라는 형태로 일어나리라는 생각이다. 하지만 이는 우리가 실
상을 전혀 모르고 하는 생각일 수도 있다.

   만약 의식이 정말로 뉴런에 입력된 정보들의 모음일 뿐
이라면, 의식에 필요한 입력이란 어떤 것일까? 우리는 깨어
있고 경험을 의식하는 데 전두-두정엽이 꼭 필요하다는 걸
알고 있지만, 어느 정도로 필수적인지는 알지 못한다. 전두-
두정엽은 내적 사고와 행동을 위해 우리의 의식적 경험을 해
석하는 일에서 더 중요하지, 의식을 만들어내는 과정에서는
필수적이지 않을 수도 있다. 현재 우리는 의식에 관여하는 몇
몇 뇌 영역을 이해하기 시작하는 단계에는 접어들었지만, 우
리에게는 또 다른 수준의 이해가 필요하다. 어떤 유형의 뉴런
이 의식에 필수적인지, 어떤 신호들의 조합 그리고 어떤 신호
패턴이 우리의 의식 경험을 일으키는지 과학은 아직 답하지
못했다.

의식은 어느 순간에나 우리를 둘러싸고 있으며 우리는 그저 살아가면서 그런 의식을 경험하기만 하는 것이라는 의견도 제시되었다. 의식은 우리 생각 속에 실재한다거나 우리가 그저 존재한다고 해서 만들어지는 것이 아니라 그보다는 마치 우리가 느끼고 경험할 수 있는 의식이라는 바닷속에서 헤엄치고 있는 것과 같다는 주장이다. 이 견해에 따르면 우리는 바닷속에서 물을 느끼듯이 의식의 밀물과 썰물을 느낄 뿐이기 때문에 의식을 설명한다거나 의식에 대해 소유권을 주장할 수 없다.

의식의 신경생물학으로 다시 돌아가보자. 신경생물학자들은 의식을 우리 신경망이 만들어내는 최종 산물이라고 믿는데, 그렇다면 우리는 의지대로 우리의 의식 경험을 변화시킬 수도 있지 않을까? 환각제를 써본 사람이라면 아마 그런 변화를 아주 잘 이해할 것이다. 수면, 약물, 마취는 모두 현실에 대한 우리의 지각을 변화시키지만, 그중 덱스트로메토르판●

● 기침약으로 판매되는 약물로 고용량으로 복용하면 환각 등의 부작용이 있다. 한국에서는 이 성분으로 된 바이엘의 감기약 러미라가 2003년에 향정신성의약품으로 지정되어 생산 및 판매가 중단되었지만, 이 성분이 들어간 다른 감기약들은 다수 판매되고 있다.

보다 더 강력한 것은 없다. 이 약은 시간 왜곡과 해리, 환각, 병적인 행복감(다행증) 및 기타 심리적 효과를 초래하는 부작용이 있다. 덱스트로메토르판 같은 화합물이 어떻게 효과를 내는지 이해하면 우리가 세계를 경험하는 방식에 대해서도 어느 정도 설명할 수 있을지 모른다. 예를 들어 우리는 덱스트로메토르판이 뇌에서 세로토닌을 증가시키는 작용을 한다는 걸 알고 있다. 또한 이 약이 뉴런을 강력하게 자극하는 신경전달물질인 글루타메이트의 수용체를 어떤 식으로 차단하는지 그 방식도 대강이나마 알고 있다. 이러한 사실은 의식의 신경생물학과도 잘 맞아떨어진다. 신경생물학은 의식이란 신경 활동들이 조합된 것이라고 설명하는데, 신경 활동에는 신경전달물질인 세로토닌과 글루타메이트가 당연히 사용될 것이니 말이다.

마지막으로 덧붙이자면, 의식을 영혼이라고 믿는 사람도 있다. 우리가 삶을 경험하는 데 필요한 것이자 그것이 없으면 우리가 죽게 되는 영혼이야말로 바로 의식이라는 것이다. 사람이 죽을 때 영혼이 내세로 돌아간다고 믿는 사람도 있고, 죽을 때는 아무 일도 일어나지 않으며 단순히 존재하기를 그만둘 뿐이지 어떤 형태의 의식도 경험하지 않는다고 전혀 다른 의견을 말하는 사람도 있다. 어느 쪽 말이 맞는지는 모르겠으나 내가 정말 흥미롭다고 느끼는 점은, 무無를 경험한다는 것이 어떤 일일지 묘사해보라는 요구를 받으면 사람들은 거의 항상 "당신이 엄마 뱃속에 있을 때는 어땠어요?"라고 반문한다는 점이다. 이건 정말 괴상한 일이다! 솔직히 나는 죽을 때 무슨 일이 일어나는지 정확히 모르고 그 일에 관해서는 아예 생각하지 않는 편이 더 좋다고 생각하지만, 사람들이 기억과 의식을 하나로 묶어서 기억이 없으면 의식도 존재할 수 없다고 가정하는 걸 보면 언제나 이상하다는 생각이 든다. 우리는 태어나기 전에도 다양한 경험을 의식적으로 인지하지만 단지 그 경험들에 대한 기억이 없는 것일 수도 있다. 기억에 관해 다시 생각해보면, 기억 형성에는 뇌가 필요하고 주로 해마와 다른 영역의 신경 연결이 필요하다. 우리는 심한 뇌손상을 입어 기억력이 매우 떨어졌지만 여전히 의식을 지닌 채 살아가는 사람들이 있다는 것도 알고 있다.

예를 들어 여러분이 운동을 하다가 머리에 부상을 입고 기억상실증에 걸렸다면, 그 경기나 그날 전체를 전혀 기억하지 못할 수 있다. 하지만 기억하지 못한다고 해도 분명 감각은 살아 있고 감정을 느끼며 전반적인 경험도 남는다. 나는 생후 3주 아기에게도 의식이 있다고 합리적으로 확신한다. 비록 우리가 3주 때 어땠었는지는 전혀 기억하지 못하지만 말이다. 이렇게 보면 기억을 못 한다고 해서 의식적 경험이 없다고 말할 수는 없다.

의식은 매우 주관적인 것이다. 그러니 의식이란 게 정말로 무엇인지 누가 과연 단언할 수 있겠는가? 과학도 아직 결정적인 대답을 내놓지 못했으니, 아마 우리는 의식을 완전히 이해하지는 못할 것 같다.

뇌과학 **2**

의식을 X

불가사의하고 비밀스런 뇌의 삶

바라건대 여러분이 이 책의 1장을 읽고 난 지금, 뇌가 작동하는 방식을 더 많이 이해하게 되었기를 그리고 아주 솔직히 말해서, 우리 몸의 정교한 컴퓨터에 관해 제대로 파악하고 있는 것이 현재 얼마나 적은지도 잘 알게 되었으면 좋겠다. 지금까지 뇌가 매일 겪는 복잡하고 경이로운 과정의 신비로움 중 일부를 함께 살펴보았다. 그런데 우리가 기대하는 만큼 뇌가 제대로 작동하지 않을 때는 어떤 일이 일어날까?

뇌과학자들은 뇌의 활동을 관찰하고 기록할 수 있지만, 애초에 왜 이런 활동이 일어나는지는 아직 완전히 알지 못한다. 그러니 뇌과학자가 도전해야 할 과제는 이 신기한 현상들을 관찰하는 것만이 아니라 그 현상들의 이유를 묻는 것이기도 하다. 자신에게 일어난 모든 일을 기억하는 사람이 있는가 하면, 그렇지 않은 사람도 있는 건 왜일까? 왜 어떤 사람들은 별 이유도 없이 높은 건물에서 뛰어내리려는 갑작스러운 충동을 느끼는 걸까?

　이번 장에서는 뇌에서 일어나는 가장 흥미진진하고 신기한 현상 몇 가지와 그로 인해 우리가 경험할 수 있는 결과들을 탐구할 것이다. 원래 작동해야 하는 대로 작동하지 않을 때의 뇌를 연구함으로써 많은 것을 배울 수 있고, 퍼즐의 작은 조각들을 한 번에 하나씩 맞춰나갈 수 있을 것이다. 앞으로 다룰 현상 몇 가지는 뇌가 아주 대단한 것임에도 불구하고, 때로는 얼마나 쉽게 혼란에 빠지거나 속아 넘어가거나 휘둘리는지를 보여주는 완벽한 예들이다. 부디 흥미롭게 읽어주시길!

*

바더-마인호프 현상

: 새 차 뽑은 날, 도로에 나랑 같은 모델 차가 왜 이렇게 많지?

빈도 착각이라고도 불리는 바더-마인호프 현상은 대부분의
사람이 한 번쯤 경험해보았을 듯하다. 이 용어는 1994년에 한
남자가 바더-마인호프Baader-Meinhof (1970년대에 활동한 독일의 실
제 테러단체)★라는 이름을 들은 뒤, 이후 24시간 동안 여러 대화
에서 그 단어가 반복적으로 들려온다는 것을 알아차린 일과
관련이 있다. 이런 현상을 여러 해 연구하던 스탠퍼드 대학교
언어학과 교수 아널드 츠비키Arnold Zwicky가 2006년에 바더-
마인호프 현상이라 명명했다.

  이 현상은 특정 대상에 대한 우리의 인지가 짧은 기간 동
안 증가할 때 일어난다. 흔히 경험하는 예는, 최근에 새로 배

★   바더-마인호프 갱 또는 적군파에 대한 언급은 2018년에 루카 구아
다니노 감독이 리메이크한 영화《서스페리아》에서도 등장한다.

운 단어가 대화에서 자꾸 사용되는 것을 듣게 되거나 간판이나 웹사이트나 신문에서 자주 눈에 띄는 것이다. 새 차를 막 샀을 때는 어디를 가나 도로에서 같은 모델의 차가 보인다. 물론 그건 그 차를 모는 내 모습이 너무 멋져 보여서 사람들이 집단적으로 나를 따라 하는 것인지도 모르지만 말이다.

이 현상은 비교적 간단히 설명할 수 있다. 그것은 뇌가 우리 주변의 모든 것에 대단히 깊은 주의를 기울이고 있다는 사실과 관련된다. 일상 속에는 소리부터 냄새, 색깔 등 각자 섬세한 세부 사항을 지닌 놀랍도록 많은 수의 자극이 존재한다. 한 사람을 예로 들어보자. 우리는 사람을 전체적으로 살펴보고는 장신구, 자세, 옷, 향수까지 겉으로 보이는 모든 것을 인지할 수 있다. 뇌의 입장에서 이 정보들은 동시에 상세히 처리하기에는 솔직히 너무 많다. 그래서 뇌는 주어진 시간에 한 가지 주요 부분만을 선택하여 집중하게 된다. 뇌의 주의 지속 시간은 놀라울 정도로 짧을 수도 있는데, 그래서 뇌는 새로운 뭔가를 발견하면 흥분한다. 바더-마인호프 현상은 뇌가 새로운 것을 배울 때 그것에 더 많은 주의를 기울이기 때문에 발생한다. 마치 뇌가 "이봐, 이것 좀 보라고. 그게 여기 또 있네. 이런 거 보면 아주 중요한 게 틀림없어" 하고 말하는 것과도 같다. 뇌는 새로운 것을 더 의식적으로 인지하며 다른 것들보다 우선시한다. 그러니까 만약 여러분이 대화에서 새로운 것에 관한 이야기를 듣거나 다른 어디선가 그에 관한 글을 읽으면 뇌는 그것을 더 쉽게 잡아내고, 결국 여러분은 어디서나 그게 보이고 들리는 것처럼 느끼게 된다.

※

선천성 무통각증

: 행운일까, 불행일까?

한밤중에 발가락을 찧는 걸 좋아할 사람은 아무도 없지만, 그 통증은 사실 다시는 발가락을 찧으면 안 된다는 걸 우리에게 가르쳐주기 위해 반드시 필요하다. 이게 뻔한 말처럼 들리겠지만, 오늘날 우리가 지닌 통증 시스템이 발달하기까지는 수백만 년의 진화를 거치며 이루어진 어마어마한 양의 프로그래밍이 필요했다. 통증은 우리의 생존을 위협할 수도 있는 위험에 대해 뇌가 우리에게 경고하는 수단이다. 우리는 아픈 것을 좋아하지 않기 때문에 위험한 것들과 거리를 두려 한다. 적어도 대부분의 사람은 그렇다.

그런데 어떤 사람은 무슨 일을 하든 전혀 통증을 느끼지 않는다. 선천성 무통각증은 뇌로 통증 메시지를 보내는 뉴런들이 통증 자극을 감지하여 신호로 변환하지 못할 때 발생한다. 이 뉴런들을 통각수용기라고 하며, 이 뉴런들이 보내는 신호는 활동전위라고 한다.

통각수용기의 말단에는 많은 수용체와 '통로들'이 있다. 이온 통로라 불리는 이 통로들은 열리거나 닫힘으로써 뉴런의 세포막을 통과하는 양전하 또는 음전하의 양을 변화시킨다.★ 활동전위란 전기신호이고, 뉴런은 기본적으로 긴 전선이라고 할 수 있는데, 뉴런을 따라 움직이는 전압을 동기화하는 일은 이 이온 통로들에 크게 의존한다. 통각수용기의 나트륨 이온 통로에 영향을 미치는 유전자에 돌연변이★★가 생기면, 이 통각수용기는 활동전위를 촉발할 만큼 충분한 전압 변화를 일으키지 못하고, 그 결과 뇌가 통증 메시지를 전달받지 못하게 된다.

통각수용기의 작동 원리는 마치 보내야 할 중요한 편지와 함께 그걸 전달할 여러분의 친구를 커다란 중세식 투석기

★   무엇보다 이온 통로들은 활동전위를 활성화하는 데 필요한 전압을 끌어올리는, 뉴런의 전기적 속성을 담당한다.

★★ SCN9A 유전자 변이는 활동전위 생성에서 중요한 Nav1.7 이온 통로의 알파 소단위에 변화를 유도한다. 이 유전자에 일어난 변이는 통증 민감성 상실이나 통증에 대한 과민성을 포함하여 통각수용기 기능에 변화를 일으킬 수 있다.

에 넣는 것과 같다. 친구는 투석기 안에 앉아서 여러분이 몇 킬로미터나 날려 보낼 만큼 강한 탄력으로 투석기를 뒤로 당겼다가 놓아서 공중으로 멋지게 날려 보내주기를 기다리고 있다. 그만큼 충분한 힘을 만들어내려면 투석기를 뒤로 당길 사람이 많이 필요하다. 즉 통각수용기 뉴런에는 많은 이온 통로가 필요하다는 말이다. 힘이 충분하지 않으면 통증 메시지 (또는 편지)가 쓰였더라도 발사조차 되지 못한다. 편지와 친구는 이상한 중세식 투석기 안에 앉아서 이 작자가 왜 더 편안한 좌석이 있는 비유를 쓰지 않았는지 괘씸해하고 있을 것이다.

선천성 무통각증이 있다면 칼에 베이거나 화상을 입어도 통각수용기 입장에서는 그저 평소처럼 삶을 이어갈 것이다. 선천성 무통각증은 1932년에 처음 발견되었지만, 그 변이가 극히 드물어서 최근에야 자세히 연구되었다. 뇌과학자들은 선천성 무통각증의 원리를 기반으로 통증 약을 개발하기 위해 이 전압 개폐 나트륨 통로Nav, voltage-gated sodium channel를 살펴보고 있다.

우리 몸이 통증을 느끼는 방식에서 정말로 흥미로운 점은, 통증은 오직 뇌 외부에서 오는 신호에 의해서만 생긴다는 것이다. 그리고 바로 그 때문에 뇌 자체에 입은 부상에는 통증이 없다. 머리를 여는 수술의 첫 단계에서 국부마취만 했다면, 신경외과의가 우리의 뇌를 자르고 절단해도 우리는 아무런 불편함도 느끼지 않는다. 뇌는 몸에서 오는 메시지들에 의존해 통증을 만들기 때문에, 뇌 자체에서 통증 메시지를 감지하는 방법을 발전시킬 생각은 한 번도 하지 못했던 모양이다. 이는 다른 도시에 사는 가족에게서 온 편지를 받는 일과 좀 비슷하다고 볼 수 있다. 우편집배원이 편지를 우리 집으로 배달하면 우리는 그 편지를 읽고 어떻게 답장을 쓸지 결정한다. 하지만 우리가 편지를 받기 위해서는 외부에서 우리에게 편지를 보내줄 가족이 있어야 한다. 자신에게 편지를 부치고 그 편지가 도착하기를 기다리고 또 다른 편지로 자신에게 답장을 보내는 것은 별 의미 없는 일일 터이고, 그래서 뇌는 자신에게는 통증 신호를 보내지 않는 것이다.

통증 없이 산다는 것은 일종의 초능력처럼 들릴 수 있고 아마도 통증으로 괴로운 순간에는 많은 사람이 그런 초능력을 원할 테지만, 나는 그것이 결코 초능력이 아니라고 확신한다. 이 병을 갖고 사는 사람의 삶은 복잡하다. 어린 시절에 그들은 종종 크고 작은 부상을 당하고도 그 일이 가져올 결과는 거의 인식하지 못한다. 따라서 이들이 알 수 없는 부상으로 인한 큰 해를 피하려면 매일의 상태를 점검하고 조절하는 잘 짜인 생활 방식이 필요하다.

카프그라 증후군

: 내 어머니 같기도 하고 아닌 것 같기도 한 저 사람, 누구지?

뇌과학 X파일을 들여다보며 만나는 이 항목은 매우 흥미롭기는 하지만 그래도 아주 마음이 아프다. 카프그라 증후군은 친숙한 사람이 낯선 사람처럼 보이는 특수한 현상이다. 나의 어머니가 내가 알던 어머니와 똑같은 모습이고 목소리와 말투도 같으며 심지어 어머니와 기억도 일치하는데, 그런데도 내게는 어머니가 아니라 그냥 닮았거나 어머니인 척 연기하는 사람으로 보인다. 이 망상은 자신의 집 같은 사물에도 적용될 수 있어서, 자기 집과 아주 비슷하다는 걸 인지하면서도 남의 집을 보고 있다고 확신한다. 카프그라 증후군은 흔히 정신증적 장애나 치매의 증상으로 나타날 수 있지만, 뇌 손상이나 감염 또는 약물 남용 때문에 발생하기도 한다.

카프그라 증후군이라는 명칭은 1923년에 이 현상을 처음으로 기술한 프랑스의 정신의학자 조세프 카프그라 Joseph

Capgras의 이름을 따서 지어졌는데, 당시에도 합리적으로 설명하기에는 아주 기괴하고 특이한 현상이었을 것이고, 한 세기가 지난 지금도 이 현상이 일어나는 정확한 이유는 수수께끼로 남아 있다. 1991년에 모건 데이비드 이넉M. David Enock과 윌리엄 트레소완William Trethowan은 이 증후군을 신경학적 이상이 아니라 자기 내면의 애증 갈등으로 인한 것으로 봄으로써 그 수수께끼를 풀고자 시도했다. 즉 상충하는 애증의 심리를, 원래의 인물에 대한 사랑은 유지하면서 가짜를 향한 미움을 표현함으로써 해소하려는 것이라고 보았다.[75]

이들의 해석은 친숙한 사람과의 관계에서 이 증후군이 나타나는 경우에는 설명이 가능할지도 모르지만, 자기 집 같은 물건이나 장소에까지 망상이 적용되는 이유는 설명하지 못한다. 뇌과학의 관점에서 이는 뇌의 시각 영역과 기억 영역 그리고 이 영역들이 변연계 전체의 감정 영역들과 연결되는 방식과 관련된 것으로 여겨진다. 이렇게 보면, 뇌가 익숙한 사람이라는 건 알아보면서도 그 모습을 정확한 감정적 맥락과 연결 짓지 못해서, 자신의 어머니가 자기가 아는 사람 같기는 하지만 감정적 연결은 맺지 못하는 결과로 귀결되는 이유가 설명된다.

한 남자가 자동차 사고로 외상성 뇌 손상을 입은 후 카프그라 증후군이 생긴 사례를 살펴보면 그 설명은 더욱 이치에 맞아 보인다.[76] 겉보기에 부상에서 잘 회복한 후 그는 자기 부모의 모습을 알아볼 수는 있었지만, 그들이 단지 자기 부모처럼 모습과 행동을 꾸미고 있는 가짜라고 여겼다. 흥미로운 부분은 통화를 할 때는 실제 자기 부모로 쉽게 인정했다는 점이다. 과학자들은 전화로 이야기할 때처럼 시각피질이 필요하지 않을 때는 기억과 감정적 맥락의 연결이 멀쩡히 유지되어서 망상의 방해 없이 부모와 편안히 대화를 나눌 수 있었던 것이라고 결론 지었다. 이 점 역시 카프그라 증후군이 뇌의 시각 영역과 감정 영역의 연결이 끊어진 결과라는 증거에 무게를 더 실어준다.

77세 여성에 관한 또 다른 사례 연구는 이 현상을 한층 더 잘 설명해준다. 어느 날 이 여성의 아들이 거울 속 사람과 대화를 나누던 엄마의 모습을 목격하게 됐다. 소리를 듣지 못하는 어머니는 수화로 거울 속 모습과 대화했는데, 아들이 거울 속 여자에 관해 묻자 그 여자의 모습이 자신과 닮았고 살아온 인생도 비슷하기는 하지만 그 사람이 자기일 리는 없다고 답했다. 거울 속 여자가 수화를 어설프게 하는 걸 보면 알 수 있다는 것이었다. 거울 속 다른 모든 것은 그냥 거울에 비친 모습임을 알았지만, 자기 모습만은 전혀 다른 사람으로 본 것이다. 뇌과학에 따르면 우리 뇌에서 얼굴 인식을 담당하는 영역은 주로 오른쪽 반구에 몰려 있다. 과학자들이 이 여성의 뇌를 살펴보자 오른쪽 뇌의 측두-두정 영역의 크기가 눈에 띄게 줄어들어 있었다. 이 영역이 인지, 기억, 언어에 관여하는 영역이라는 점도 그 현상을 설명하는 데 도움이 될 수 있다. 지금은 1923년보다 뇌를 훨씬 더 깊은 수준으로 이해하고 있지만, 그래도 아직 카프그라 증후군을 완전히 이해하지는 못한다. 하지만 이러한 사례들이 뇌과학자들이 더 많은 걸 알아내도록 하는 데 도움을 줄 것이다.

*

거울 속 낯선 얼굴

: 거울에 비친 내가 마치 남인 것 같을 때

거울에 비친 모습 하니 생각나는데, 뇌가 건강한 사람에게도 거울에 비친 자기 모습이 다른 사람의 모습처럼 보일 수 있다. 상대방은 꼭 살아 있는 사람이 아닐 수도 있고 심지어 사람이 아닐 수도 있다. 2010년에 조반니 카푸토Giovanni Caputo라는 이탈리아의 심리학자는 참가자 50명과 함께 한 가지 실험을 했다.[77] 그는 한 사람씩 차례로 어두운 조명 아래 거울 앞에 앉히고 거울에 비친 모습을 응시하게 했다. 각 참가자는 자신의 얼굴이 왜곡되는 것을 보았다거나 자기 부모(세상을 떠난 부모인 경우도 있었다)의 얼굴을 보았다거나 심지어 동물의 얼굴을 보았다고 보고했다. 더욱 놀라운 점은 그런 이상한 결과가 꼭 거울 때문만은 아니라는 것이다. 5년 뒤 그 실험을 반복했는데,[78] 이번에는 참가자들에게 마주 보고 앉은 사람의 눈을 응시하게 했다. 각 참가자는 앞 실험과 같은 이상한 환각을 7초 동안 경험했고, 이런 환각은 1분 안에 2번씩 일어났다. 용기가 있다면 여러분도 직접 실험해보시라.

이런 일이 일어나는 이유를 두고 처음에는 많은 논쟁이 일었다. 그 일시적 환각은 우리 무의식적 존재의 일부가 다른 사람의 몸에 투사된 결과 나타난 것이라고 말한 이도 있다. 하지만 그보다 훨씬 더 개연성 있는 설명은, 변함없는 얼굴을 오랫동안 쳐다볼 때 우리 뇌의 시각 뉴런들이 얼굴에 익숙해지고 따라서 그 얼굴이 우리에게 그리 중요하지 않다고 여겨 활동을 서서히 줄이며, 그 결과 얼굴의 모양이 흐려지고 사라지는 걸 보게 된다는 것이다. 그뿐 아니라 이 현상에는 얼굴 모방과 전이도 중요하다. 얼굴 모방과 전이란 우리가 다른 사람들의 사회적 행동을 모방하기 위해 표정과 행동을 바꾸는 일을 말한다. 그러니까 뇌가, 우리가 보는 이미지를 적절하다고 생각하는 이미지로 바꾸는 것일 수도 있다는 말이다.

사람은 표정을 읽는 일에 극도로 민감하다. 그래서 종종 다른 사람들에게 적절하게 보이도록 무의식적으로 자신의 표정을 바꾼다. 뇌가 항상 작동하며 우리가 처한 환경을 이해하려 노력하는 것은 바로 이 때문이다. 충분한 자극이 없을 때 (변함없는 얼굴을 가만히 응시하는 건 뇌에게 따분한 일이다) 뇌는 빈 공백을 채우기 시작하여 그 얼굴의 두드러진 특징들을 바탕으로 기괴한 왜곡을 일으키는 것이다. 어두운 조명이라는 조건 역시 약간의 감각 결핍을 초래하여 우리 뇌를 한층 더 혼란스럽게 함으로써 그 효과에 일조할 것이다.

얼굴 인식 불능증

: 어디서 많이 본 사람이다 싶었는데 내 절친이라고?

지금이 얼굴에 관해 이야기할 완벽한 타이밍 같다. 구체적으로는 일부 사람들이 얼굴을 기억하지 못하는 현상으로, 과학자들이 얼굴 인식 불능증 또는 얼굴맹이라고 부르는 것 말이다. 얼굴 인식 불능증이 있는 사람은 친숙한 사람의 얼굴도 잘 알아보지 못하며 아는 사람의 얼굴과 모르는 사람의 얼굴을 구별하지 못하는 일도 많다. 얼굴 인식 불능증이 있는 사람은 얼굴과 관련된 것뿐 아니라 이정표나 물건을 알아보는 일에서도 시각적 기억을 잘 불러오지 못한다. 그래서 길 찾기 같은 과제를 유난히 어려워한다. 가장 심한 경우에는 자기 자신까지 못 알아볼 수도 있다. 얼굴 인식 불능증이 있을 때 뇌에서 무슨 일이 일어나는지와 관련해서는 여전히 많은 부분들이 분명히 밝혀지지 않았지만, 시각 영역과 기억 중추의 연결과 관련된 문제인 것만은 확실하다. 왜냐하면 얼굴 인식 불

능증이 있는 이들 중 친숙한 얼굴은 알아보는 사람도 그 사람
이 가버리고 나면 이내 그 사람에 관한 세부 사항들을 잘 기
억하지 못하기 때문이다.

과학자들은 얼굴 인식 불능증에는 유전적 요소가 있다고
믿는데, 전체 인구 중 약 2퍼센트가 어떤 형태로든 얼굴 인식
불능증을 갖고 태어난다. 얼굴 인식 불능증을 타고났다면 그
것은 뇌에서 방추이랑이라는 부분에 결함이 생긴 결과라는
증거가 있다.★ 사람의 얼굴을 아주 세세하게 인지하는 일에 관
여하는 방추이랑은 우리가 가족이나 공동체 일원들의 얼굴을
알아보도록 돕기 위해 진화했다. 방추이랑은 기본적으로 특
정 정보를 담은 프로그램이 미리 설치되어 있는 영역으로 보
이며, 방추이랑에서 생긴 발달 문제들은 삶의 이후 시기에 얼
굴 인식 불능증 같은 어려움으로 이어진다.

하지만 얼굴 인식 불능증은 타고나기만 하는 것이 아니
라 살아가는 동안 뇌 손상이나 뇌졸중, 퇴행성 질환의 결과
후천적으로 생길 수도 있다. 최근 자신의 얼굴 인식 불능증이

★　뇌에서 사람의 얼굴을 식별하는 얼굴 처리는 방추이랑과 후두피질,
상측두구에 의지한다.

더욱 악화되었음을 알아챈 한 65세 남성의 뇌를 스캔한 결과,
뇌에 생긴 충격적인 변화가 드러났다. 얼굴 인식과 기억을 처
리하는 뇌 영역들(방추이랑과 오른쪽 측두엽)이 줄어들면서 더욱
심각한 얼굴맹을 초래한 것이었다.[79] 이 변화들은 시각 처리
에 크게 기여하는 뇌의 오른쪽 반구에서 주로 일어났다.

현재로서는 얼굴 인식 불능증을 치료할 방법은 존재하지
않으며 사람의 옷가지나 외모의 두드러진 특징을 기억하는
등의 보상 기술에 초점을 맞추고 있는데, 이 방법으로도 증상
이 상당히 개선될 수 있다.

지금까지 이야기한 증상이 익숙하게 느껴진다면, 벤턴 얼
굴 인식 검사BFRT, Benton Facial Recognition Test 나 케임브리지 얼굴
기억 검사CFMT, Cambridge Face Memory Test 를 받아볼 수 있다. 이
검사들은 여러 얼굴을 보고 일치하는 얼굴 또는 조금 전에 본
얼굴과 짝을 맞추는 방법으로 진행한다.

✳

오래되고 현명한 뇌

: 2천 살 넘은 뇌가 있다고?

뇌에 관한 재미있는 사실 하나는, 태어날 때 지니고 있던 뇌 세포들은 대부분 우리가 학습하는 동안 계속 발달하고 성장하며 사실상 평생 죽지 않고 남는다는 것이다. 태어날 때의 바로 그 세포들이 말이다! 그러니까 만약 우리가 여든 살까지 산다면, 그때 우리의 뇌는 80년 된 뇌이며 우리가 100살이고 200살이고 살 수만 있다면 뇌 역시 100살, 200살을 먹는다. 상당히 늙은 뇌처럼 보이지 않는가? 좋다. 그러면 이제 2천 살이 된 뇌도 생각해보자!

서기 79년의 한 장면을 상상해보자. 스무 살쯤 된 젊은이(이름이 아우렐리우스라고 하자)가 이탈리아 나폴리 근처에 있던 고대 도시 헤르쿨라네움의 한 대학교 관리인으로 힘든 하루를 보낸 뒤 피로를 느끼고 있다. 그래서 아우렐리우스는 침대에서 잠깐 눈을 붙이기로 한다. 그때 갑자기 20킬로미터 떨어진 곳에 있는 베수비오 화산이 폭발하여 섭씨 500도에 달하는 화산재를 토해내며 20미터 높이의 재 속에 곤히 잠든 우리의 친구 아우렐리우스를 포함하여 모든 것을 묻어버린다.

이제 잿더미 아래에서 나무 침대에 누워 있는 아우렐리우스가 발견된 1960년대로 잽싸게 돌아와보자. 최근에 발견된, 비교적 온전한 모습이 남아 있는 다른 몇몇 피해자들의 유골과 달리 이때 발굴한 아우렐리우스 유골은 모습을 정확하게 알아볼 수 없었지만, 매우 이례적으로 뇌 조직은 잘 보존되어 있었다. 베수비오 화산의 극도로 높은 온도와 뒤이은 화산재 특유의 급속한 냉각 때문에 그의 뇌세포들이 유리 같은 물질로 바뀌었고 거의 얼린 것처럼 고스란히 보존되었던 것이다. 이 뇌세포들은 중추신경계에서만 발견되는 구조적 특징들을 지니고 있어서 뇌의 구성 물질임을 알아볼 수 있었다. 더 최근의 한 연구[80]에서는 신기술을 사용해 뇌세포를 시각화할 수 있게 해주는 극도로 강력한 전자 현미경으로 과학자들이 그의 뇌 물질을 들여다보았다. 연구팀은 유기물의 정체를 밝혀주는 엑스선 분광법*으로 그 물질들이 척수와 뇌의 뉴런임을 확인했다. 이 연구는 생물지질고고학 연구라는 새로운 연구 계통을 열어주었으며, 연구팀은 이 방법을 사용해

세계 곳곳의 고대 매장지들에서 이전까지 알려지지 않았던
사실들을 밝혀내기를 기대하고 있다.

★ 대상의 다양한 화학적 속성을 이해하기 위해 엑스선을 측정하는 방
식이다. 자신이 관찰하고 있는 것이 무엇인지 더 잘 파악하는 데 도움이 된다.

✳

피니어스 게이지

: 막대가 뇌를 뚫고 지나간 남자

뇌과학자들은 일상생활에서 만나는 사람들에게서도 많은 것을 배울 수 있다. 실험실에서만, 현미경으로만 배우는 것이 아니다. 대개는 심한 뇌 손상을 입었지만 목숨을 잃지 않고 다른 면은 멀쩡한 사람들을 연구함으로써 배운다. 이중 뇌과학에서 가장 유명한 예는 피니어스 게이지Phineas Gage라는 남자의 사례다. 1848년에 25세의 건설노동자였던 그는 철도 건설 현장에서 일하던 중 실수로 폭발 사고를 일으켰는데 그 결과 철로 된 막대가 그의 두개골과 뇌를 꿰뚫고 말았다. 폭발의 힘이 얼마나 강했던지 막대는 그의 머리를 꿰뚫고 나가 철도 반대쪽에 떨어졌다. 그런데도 그는 살아남아 주변의 모든 이를 놀라게 했다. 사고 후 그리 오래지 않아서 피니어스 게이지는 말을 할 수 있었고 약간의 도움을 받으면 걸어 다닐 수도 있었다. 회복은 매우 순조로웠고, 지능이나 말하기 능력의 저하 또는 신체적 마비의 초기 징후는 전혀 보이지 않았다.

　이렇게 대단한 회복을 보이기는 했지만, 사람들은 그의 성격이 달라졌음을 차츰 알아차렸다. 사회적 상황에서 부적절하게 행동하고 욕설을 자주 내뱉었으며 일 처리도 믿고 맡길 수 없을 지경이 되어 결국에는 일자리를 잃었고 몇 년 뒤 경련 발작으로 사망했다. 게이지는 공손하고 책임감 있고 예절 바른 남자에서 완전히 다른 사람으로 변했다. 하지만 뇌에 일어난 진짜 변화가 무엇인지는 극적인 그의 사고 후 이야기만큼 많이 알려지지 않았을 것이다.

　지금 우리는 게이지가 의사 결정과 감정 처리, 장기 기억 형성에서 매우 중요한 전전두피질에 상당한 손상을 입었음을 알고 있다. 그의 정신적 능력 대부분이 멀쩡하게 유지되었던 이유는 목표 설정과 문제 해결 같은 고도의 인지적 기능들 다수를 담당하는 전전두피질 내의 작은 영역인 배외측 전전두피질이 기적적으로 아무 해도 입지 않았기 때문이다. 피니어스 게이지의 사례는 뇌과학 분야에서 매우 흥미진진한 것이었으므로, 후에 사람들은 그의 시체를 발굴해 3D 기술로 두개골을 재현했으며 그 결과 그가 입은 부상 정도를 더 잘 이해할 수 있게 되었다.

피니어스 게이지의 이야기는 부상에도 불구하고 목숨은 유지했지만 살면서 고통을 받았던 한 남자의 불운한 사연이며, 동시에 뇌과학 연구가 얼마나 신기하면서도 비극적일 수 있는지를 다시금 되새겨주는 사례다.

높은 곳 증후군

: 높은 곳에서 갑자기 뛰어내리고 싶은 충동이 드는 이유는?

높은 건물 옥상이나 낭떠러지에 서 있을 때 뛰어내리고 싶은 갑작스러운 충동에 잠시나마 사로잡혀본 적이 있는가? 물론 진심으로 뛰어내리겠다고 생각하는 건 아니고 우울증에 걸렸거나 자살하고 싶은 마음이 있거나 다른 어떤 괴로움에 시달리는 것도 아니지만, 그래도 그런 충동이 들 때가 있다. 뇌과학에는 이런 현상을 가리키는 명칭이 따로 있다. **높은 곳 증후군**high places phenomenon 또는 **허공의 부름**call to the void 이라고도 하는데, 실제로 이는 지극히 정상적이고도 흔한 현상이다. 게다가 기차 앞으로 뛰어들고 싶은 충동, 불 속에 손을 집어넣고 싶은 충동, 차들이 달리는 곳으로 핸들을 꺾고 싶은 충동 등에 대한 보고도 있다. 다행히 사람들은 대개 이런 충동에 휩쓸려 실행에 옮기지는 않는다. 하지만 플로리다의 한 연구팀은 이를 다른 관점에서 검토해보기로 했다.[81]

　　이 연구팀은 431명의 학생에게 살면서 그런 현상을 겪어본 일이 있는지 질문했고, 놀랍게도 그중 55퍼센트가 삶의 어느 단계에선가는 그런 경험을 한 적이 있다고 인정했다. 뇌과학자들은 아직 왜 그런 생각이 일어나는지 정확히 알지 못하지만, 이 연구에서 나온 증거는 불안 수준이 증가함에 따라 이런 침투적 생각의 빈도도 증가했음을 뒷받침한다.★ 학생들에게는 불안이 드문 일이 아니어서, 전체 인구와 비교해 이런 현상이 더 높은 빈도로 발생하는 결과를 초래했을 수도 있다. 불안이 이런 행동에 영향을 주는 이유는 좀더 연구해봐야 한다.

　　하지만 과학은 우리에게 높은 곳 증후군이 어쩌면 뇌의 두 가지 반대되는 신호 사이에 몇 분의 일 초 정도 지연이 일어난 결과일 수도 있다고 말해준다. 한 가지는 우리의 생존 본능에 기반한 것으로, 이를테면 높은 곳에서 떨어지거나 열차에 정면으로 부딪치는 것 같은 위험을 감지하고 피해야 한

★　만약 이런 생각이 주기적으로 떠오르고 짧은 순간이 아니라 더 오래 지속된다면 그것은 더 심각한 징후일 수 있으니 의료 전문가의 진료를 받아보는 것이 좋다.

다고 말해주는 신호다. 또 하나는 논리적인 뇌에서 오는 신호로, 우리가 현재 있는 곳은 비교적 안전하며 실제로 우리 생존에 가해지는 위협이 없다고 말해주는 신호다. 이렇게 만들어진 상충하는 신호들을 해석하는 과정에서 뇌는 이 괴상한 메시지에 약간 얼떨떨해진 상태가 된다. 그 결과 높은 곳 증후군을 경험하게 되는 것이다. 그러니 만약 에베레스트산 정상에서 뛰어내리고 싶은 충동이 들더라도 그건 흔히 일어나는 일임을 기억하라. 그리고 제발 충동이 인다고 무작정 뛰어내리지는 마시길.

✳

자기장 감지

: 인간 내비게이션이 정말 존재할까?

새들이 지구의 자기장을 감지할 수 있고, 비행 중 지형지물과 자기장을 활용해 길을 찾을 수 있다는 것은 잘 알려진 사실이다. 새들이 이런 일을 할 수 있는 까닭은 머릿속 신경 말단과 아주 가까운 곳에 있는 자기 입자들이 촉각, 온도, 통증에 관한 감각 정보를 해석할 수 있기 때문인데, 이는 곧 새들이 사실상 자기장을 '느낄' 수 있다는 뜻이다. 새 눈의 망막에는 **크립토크롬**cryptochrome이라는 작은 단백질이 있는데, 자기장의 강도에 따라 이 단백질의 작용이 달라진다. 흥미롭게도 과학자들은 사람에게도 크립토크롬이 있음을 발견했다.

캘리포니아공과대학의 과학자들은 서로 다른 자기장에 노출될 때 사람들의 (뇌파를 측정하는) 뇌전도가 어떻게 달라지는지 관찰했다.[82] 자기장 노출은 해롭지 않으며 우리가 매일 살아가는 동안 자연스럽게 일어나는 일이기는 한데, 사람이 자기적 정보를 감지하여 자신에게 유익하게 활용할 수 있을지도 모른다고 보고한 것은 이 연구가 최초였다. 이 연구를 기반으로 일부 과학자들은 인류의 조상들이 크립토크롬의 도움으로 동서남북 사이에서 길을 찾는 데 도움을 받았을 거라는 의견을 제시했다.

반대로 그 연구에 설득되지 않고 낮은 수치의 크립토크롬에는 기능적 이점이 전혀 없을지도 모르며 단순히 크립토크롬이 존재한다는 걸 관찰한 것만으로는 어떤 의미도 읽어낼 수 없다고 생각하는 과학자들도 많다. 만약 길 찾기에 어떤 이점이라도 존재한다면 우리가 진화를 거치는 동안 그 이점을 상실했을 것이며 오늘날의 길 찾기는 논리와 공간 인지, 우리 뇌의 기억 중추에 의지한다고 보는 것이 더 합리적일 것이다.

지금으로서는 사람이 자기장을 감지하여 나침반 없이도 방향을 찾아갈 수 있었던 사례는 한 건도 기록된 바 없다. 그런 감각이라면 진짜 육감을 지녔다고 할 수 있을 것이다. 어쨌든 흥미로운 생각이기는 하다.

※

맹시

: 보지 못해도 볼 수 있는 사람들

뇌의 뒤쪽에는 후두엽이 있다. 이 영역은 눈과 시신경에서 오는 이미지들을 받아서 자기가 보고 있는 것이 무엇인지 판단한 다음 그 정보를 다른 뇌 영역으로 전송해 어떻게 반응할지 결정하게 한다. 그러니까 만약 귀엽고 몽실몽실한 강아지를 본다면, 강아지에게서 반사된 빛이 눈 뒤쪽에 있는 망막으로 갔다가 시신경을 따라 후두엽으로 가고 거기서 일차 시각피질 및 이차 시각피질이 그 빛을 처리한다. 그런 다음 전두피질과 변연계가 그 의미를 해석하여 감정적으로 어떻게 반응해야 할지 결정하면 '오오, 귀여운 강아지잖아. 마음에 들어. 기분 좋아!'라며 즐거운 기분을 느끼는 것이다.

하지만 예컨대 외상이나 뇌종양 또는 뇌졸중으로 후두엽에 손상을 입으면 귀여운 강아지의 이미지가 시각피질에 도달하기는 하지만 그 정보가 처리되지 않거나 다른 뇌 영역들로 전송되지 않으며, 그 결과 우리는 보지 못하게 된다. 이는 눈이나 시신경이 기능하지 못하는 경우와는 조금 다르다. 이 또 다른 형태의 시각 상실을 **피질맹**cortical blindness 이라고 하며, 한마디로 뇌에서 일어난 실명이라는 뜻이다. 이 장에서 귀여운 강아지와 시각 상실 이야기를 왜 하고 있는지 물을 수도 있겠다. 음, 그건 피질맹이 있는 사람이 특정 대상을 보지 못하더라도 그들의 무의식적 뇌는 여전히 그 대상들을 감지한다는 이야기를 하고 싶어서다. 이는 어떤 사람이 실제로 대상을 보지 못하는데도 그 대상과 상호작용할 수 있다는 뜻이다. 다른 예를 들어보자. 가령 여러분이 방안을 가로질러서 문까지 가고 싶은데, 그 가운데에 의자가 놓여 있다고 하자. 정상적인 상황에서는 그 의자를 보고 둘러서 갈 것이다. **맹시**blindsight 가 있는 사람 역시 방을 가로지르다가 의자를 피해 가지만, 사실 방 안에 의자가 있다는 걸 실제로 보지는 못한다. 그냥 의자를 피해 가기는 하는데 자기가 왜 그랬는지 잘 이해하지는 못한다.

이 이상한 현상은 1974년에 로런스 와이스크란츠Lawrence Weiskrantz 의 연구로 처음 밝혀졌고, 이후로 온갖 종류의 상황에서 확인되었다.[83] 예를 들어 어떤 사람은 날아오는 공을 보지도 않은 채 잡을 수 있다. 하지만 가장 흥미로운 연구는 어떤 표정을 보았음을 의식적으로 인지하지 못하면서도 얼굴에 담긴 감정을 식별하고 심지어 똑같은 감정을 거울처럼 자신의 얼굴에 담아낼 수 있다는 걸 보여준 연구일 것이다.

맹시는 여러 실험 환경에서 철저하게 검증되었고 뇌과학자들은 그 결과만으로도 충분히 설명되었다고 생각한다. 무엇보다 피질맹이 있는 사람이 맹시 현상을 경험하는 이유는 **상구**superior colliculus(시각 방위에서 중요한 뇌 영역)가 보존되었기 때문일 수 있다는 것이다.[84] 우리가 아직 상구의 모든 기능을 완전히 이해하지는 못하지만, 이 영역이 우리가 보는 것에 관한 정보를 받아 적절한 동작을 개시하게 하는 신호로 전환한다는 것은 알고 있다. 앉아서 경주용 자동차가 달려가는 모습을 보고 있다고 상상해보면 더 쉽게 이해할 수 있다. 우리 눈과 머리는 본능적으로 그 차를 따라가며 차의 움직임을 추적한다. 주변 환경을 모니터링하고 우리 몸을 어떻게 움직일지 판단하는 바로 이런 일을 상구가 맡고 있다.

현재 맹시를 설명하는 가설은, 뇌가 후두엽에 손상이 일어났음을 감지하면 일차 시각피질을 우회하도록 스스로 재배선하기 시작하고, 상구의 도움을 받아 뇌 중앙에 있는 **외측슬**

상핵lateral geniculate nucleus이라는 영역을 거쳐 정보를 전달한다
는 것이다. 그 사람은 원래의 시각을 완전히 회복할 수는 없
을지 몰라도, 그래도 평소와 같은 삶을 살아갈 수는 있을 것
이다. 일부 뇌과학자들은 이것이 뇌가 더 태곳적 형태의 시각
으로 되돌아가는 과정이며, 인간의 뇌처럼 발달한 시가 영역
이 없는 동물들에게서 목격되는 과정이라고 말한다.

✳

과잉 기억 증후군

: 생의 모든 것을 완벽하게 기억하는 사람이 있을까?

완벽한 기억 같은 것은 존재하지 않지만, 뇌과학에 따르면 우리는 절대 그 무엇도 잊지 않는다고 한다. 하지만 대부분의 기억은 어느 정도의 의식적인 수준에서 인출되지 않으며, 그래서 우리는 그 기억이 영원히 사라졌다고 생각하는지도 모른다. 그러나 이런 망각은 단지 우리가 중요한 것을 더 쉽게 기억하게 돕고 저장된 수많은 다른 기억 때문에 산만해지지 않도록 하는 뇌의 메커니즘일 뿐이다. 물론 어떤 사람은 그런 망각 능력이 없어서 전 생애의 모든 기억을 거의 완벽하게 회상하며 사는 것처럼 보인다.

　이를 **과잉 기억 증후군**hyperthymesia이라고 하는데, 자기 생에 관한 자전적 기억을 거의 완벽히 유지하는 능력이다. 과잉 기억 증후군을 겪는 사람은 그동안 쏟아진 주요 뉴스와 사건, 과거의 어느 날짜가 무슨 요일이었는지, 그날 갔던 레스토

랑에서 먹은 메뉴까지도 모두 정확히 기억한다. 이렇게 증강된 기억력을 지닌 최초의 사람으로 밝혀진 질 프라이스^{Jill Price}의 삶에 관한 이야기를 들어보면, 8세 때 뇌가 갑자기 달라졌다고 한다.[85] 그때부터 자기 삶에 일어난 어떤 세부 사항도 전혀 잊어버릴 수 없게 되었다는 것이다. 프라이스는 1980년 이후 모든 날을 기억할 수 있다. 완벽한 기억은 아니라도 자기가 무엇을 하고 있었으며 누구와 함께, 어디에 있었는지를 기억한다.

과학자들은 산수나 사실 기억에서 비범한 정신적 능력을 발달시킨 사람들에게서 볼 수 있는 후천적 서번트 증후군의 사례가 과잉 기억 증후군과 유사할 거라고 생각한다. 뇌 스캔을 통해 더 자세히 들여다보면, 과잉 기억 증후군이 있는 사람의 뇌와 일반적인 기억력을 지닌 사람의 뇌의 차이점들이 드러난다.[86] 그중 하나는 (기억 영역을 에워싸고 있으며) 자전적 기억과 (자신이 있는 곳에 대한) 공간 인지와 관련된 **해마곁이랑**^{parahippocampal gyrus}이 더 크다는 점이다. 우리는 이런 변화들을 확인할 수는 있지만, 그것만으로 기억력의 차이를 완전히 설명할 수는 없다. 특정 영역의 크기보다는 뇌가 기억을 저장하는 방식으로 설명하는 것이 더 개연성이 있다는 말이다.

최근 측두엽(기억)과 두정엽(촉각, 미각 등), 전전두피질(분석적 사고) 사이의 연결이 기억을 저장하는 방식과 관련이 있음이 밝혀졌다. 이 영역들은 기억과 뛰어난 분석 능력에 중요한 역할을 한다. 요컨대 질 프라이스 같은 사람은 뇌에서 기억이 저장되는 방식이 정말 다르기는 하지만, 그의 기억력이 더 좋은 것은 기억에 훨씬 쉽게 접근할 수 있기 때문이다. 그의 정신은 마치 정리 상태가 엉망인 파일 캐비닛을 이리저리 뒤적거리고 다니는 것이 아니라 기억 중추와 곧바로 연결되는 직통 전화선을 갖추고 있는 것과 같다.

뇌과학자들은 과잉 기억 증후군이 있는 사람이 자신을 묘사하는 방식에서도 보통 사람과의 차이점을 발견했다. 많은 경우 그들은 범상치 않은 상상력과 몰입력(한 활동이 주는 감각들에 완전히 집중해 주의를 기울이는 능력)을 지니고 있었다. 이들은 흔히 자신이 소리, 냄새, 시각 자극에 더 민감하다고 묘사하는데, 이러한 민감성을 통해 확보한 상당한 정도의 세부 정보가 일상의 사건을 더 잘 기억하게 돕는 것일 수도 있다. 게다가 과잉 기억 증후군에는 집착적 성격 특성이 함께 나타나는 일도 드물지 않은데, 이런 성격을 지닌 사람은 그럴 필요가 없을 때조차 모든 걸 체계적으로 기억한다. 질 프라이스의 말에 따르면 그건 재능인 동시에 부담이다.

모든 뇌는 그만큼 상세하게 기억할 능력이 있지만, 보통 우리는 결혼식이나 트라우마 경험처럼 어떤 특정한 날 또는 특정한 사건이 유난히 기억할 만할 때, 그러니까 감각 정보를 더 예리하게 인지할 때만 이 능력을 사용한다.

이는 뇌가 평범한 날에는 경험하지 못하는 놀랍도록 생생한 세부 사항이 있어서 훨씬 쉽게 각인되는 기억들을 저장하는 걸 선호하기 때문이다. 우리는 훈련을 통해 기억력을 무한히 키울 수 있지만, 그러려면 강력한 상상력과 엄청난 반복이 필요하다.

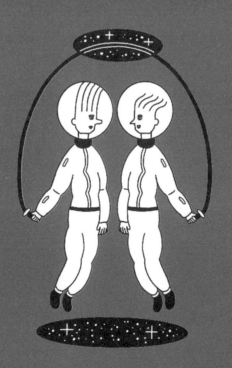

뇌과학의 3

미래

✳

뇌과학의 최전선에서

우리는 조금 떨어진 거리밖에 앞을 내다보지 못하지만,

그곳에 처리해야 할 일이 많다는 건 안다.

– 앨런 튜링

이는 2차 세계대전 당시 유명한 암호 해독가이자 수학자였
던 앨런 튜링의 말을 인용한 것으로, 이 장의 내용을 완벽히
요약한다. 우리 앞에는 우리가 원하며 또 누려 마땅한 미래
를 이루기 위해 풀어야 할 아주 많은 난제가 놓여 있다. 이때
우리의 가장 큰 강점은 거기 도달하기 위한 문제를 풀기 위
해 서로 협력할 수 있다는 점이다. 지난 세기 동안 건강과 의
료, 기술과 과학적 실험에서 이뤄낸 진보를 생각해보면 앞으
로 100년 뒤 우리 앞에 어떤 새로운 개척지가 열릴지 상상만
해도 가슴이 벅차다. 이 장에서는 잠재적으로 그 미래가 어떤

모습일지 탐구해볼 것이다. 과학과 기술의 결합, 건강과 질병 그리고 신체 능력의 강화까지 뇌과학의 진보가 큰 영향을 미칠 것으로 예상되는 우리 삶의 요소를 세 부분으로 나누어서 살펴볼 예정이다. 이렇게 이 장은 오늘날의 가장 획기적인 연구를 살펴보는 동시에 뇌과학으로 뇌 질환을 치료한다거나 우리의 정신을 영원히 살아가도록 보존할 수 있을 미래로 나아가기 위해 우리에게 필요한 것이 무엇인지를 안내할 것이다. 또한 우리가 어떻게 뇌의 잠재력을 풀어내 언젠가는 말이 아니라 우리 정신의 힘으로 의사소통할 수 있을지에 관한 이야기도 할 것이다. 지금도 여러 연구팀이 바로 이런 일을 현실로 만들기 위해 노력하고 있다.

인간이 달에 처음 착륙한 지 50년이 좀 넘었고 이후 기술은 급격한 속도로 발달했다. 1969년에 세 사람이 달로 왕복 여행을 하는 데 필요했던 컴퓨팅파워는 오늘날의 스마트폰 속에 너끈히 들어간다. 다가오는 세기에는 우리가 뇌를 더 자세히 들여다볼 수 있게 해주는 기술의 발전이 과학적 발견을 추동할 것이다. 그럼으로써 우리는 가장 신비로운 신체기관인 뇌에 예전에는 불가능했던 수준으로 접근할 수 있게 될 것이고 이제는 SF에 그치지 않고 과학에 더 가까워신 미래로 다가갈 수 있을 것이다.

이제까지 뇌가 이상하고 신비롭다고 생각했다면, 조금 더 기다려보시라!

우리는 조금 알고 많이 모른다

뇌과학 분야의 흥미진진한 시대가 우리 앞에 기다리고 있기는 하지만, 현재 우리가 있는 지점이 어디인지도 반드시 알아야 한다. 우리는 아직 뇌에 관해 제대로 이해하지 못한 것이 아주 많다. 새로운 뭔가를 알아낼 때마다 더 많은 질문이 솟아나 뇌의 진짜 작동 방식에 관한 기존의 생각에 도전을 제기하는 것 같달까. 과학자들이 서로 연결된 뉴런과 축삭, 신경교세포, 혈관과 신경전달물질로 이루어진 인간의 뇌가 어떤 모습인지를 이해하려면 먼저 정확한 뇌의 지도, 그러니까 **커넥톰**connectome을 구축해야 한다. 우리가 각 뉴런을 추적하여 뉴런들의 연결을 시각화할 수 있도록 3차원의 인간 뇌 지도, 즉 커넥톰을 그릴 수 있는 뇌 스캔은 인간 유전체 지도 작성과 달 착륙에 맞먹을 혁명적 도약을 가져다 줄 것이다.

사람의 뇌는 수십억 개의 뉴런으로 이루어져 있고 뉴런 하나당 수천 개의 시냅스가 있다. 초파리 뇌에 있는 작은 영역 하나의 정확한 지도를 그리려 한 최초의 시도에서는 600개 정도의 뉴런을 포착할 수 있었다. 이 비율이라면 1억 4600만 마리의 초파리를 더해야 인간 뇌에 가까이라도 다가갈 수 있다. 이 일을 이뤄내려면 과학은 다른 과학자, 공학자, 의사, 학자와 자유롭게 연구를 공유하고 협력하는 다학제 접근법을 취해야 한다. 이런 일은 생각보다 잘 일어나지 않지만, 몇몇 연구소가 변화에 시동을 걸었다. 예를 들어 미국 시애틀의 앨런 연구소가 바로 그런 일을 하고 있다. 그들은 자신들이 만든 뇌 지도를 공유하여 다른 연구자들이 뇌의 작동을 이해하고 뇌과학 전반의 발달 속도를 높이도록 돕는다. 하지만 과학 출판의 세계에는 여전히 압도적인 악마가 도사리고 있다. 연구 논문을 출판하는 학술지들은 애초에 연구 결과를 게재하는 일에서부터 착취에 가까운 높은 가격(연구 논문 한 건당 수천 달러)을 부과하고, 그런 다음 다시 그 논문을 볼 권리에 대해서도 터무니없는 구독료를 청구한다. 이런 사실은 하버드 대학교가, 매년 350만 달러의 구독료가 자신들이 할 수 있는 과학적 기여를 얼마나 훼손하고 있는지 설명한 메모를 교직원들에게 배포하며 부각되었다.[87] 메모에는 매출액이 26억 달러에 달하는 네덜란드의 출판 거물 엘제비어가 언급됐지만, 엘

제비어는 점점 더 커져가는 빙산의 한 끄트머리일 뿐이다.

아마 가장 심각한 일은 코로나19 팬데믹 시대를 맞이해 학술 출판물의 가격이 하늘 높은 줄 모르고 높아진 일일 것이다. 어떤 출판사는 학생들에게 필요한 일부 전자책(출판 비용이 상대적으로 적게 드는)의 가격을 500퍼센트까지 인상했는데,[88] 이 책들은 강좌의 필수 교재인 경우가 많았다. 일례로 맥그로힐 출판사의 종이책 한 권의 가격은 65.99파운드(약 10만 원)인데 다운로드할 수 있는 전자책 가격은 528파운드(약 836,000원)였다.

이 모든 일은 부유한 기관만이 모든 과학 연구 성과에 접근할 수 있는 상황을 낳았다. 그래도 터널 끝에 빛이 보인다. 인도 정부는 국가가 모든 과학 논문을 구매하여 전국의 과학자와 공유하겠다는 '1국가 1구독' 정책을 고려 중이다. 정말 멋진 이 아이디어가 널리 유행하기를 바란다. 하지만 서글프게도 탐욕이 전 세계 과학계에까지 스며들었다. 이 탐욕이 아무런 제재도 받지 않고 건재하다면 과학자들 사이의 더 끈끈한 연결과 교류는 결코 실현되지 못할 것이다.

잠시 악덕 출판업자 문제는 잊고 초파리 문제로 돌아가보자. 초파리 뇌의 시각 처리에는 뉴런 약 6만 개가 동원된다

(초파리 뇌 전체에는 10만 개의 뉴런이 있다). 초파리가 제 앞에 놓인 먹음직스러운 사과를 본다고 해보자. 시각피질의 뉴런들이 신호를 전달하며 다른 뇌 영역들과 의사소통하고, 그 신호를 해석하여 하나의 그림을 만들어 그것이 사과라고 판단한다. 그런데 그 뉴런들 중 우리가 생각했던 방식대로 반응한 것은 10퍼센트에 지나지 않는 것으로 밝혀졌다.[89] 그렇다면 뇌 활동의 90퍼센트는 우리가 완전히 이해하지 못하는 부분으로 남는다. 그러나 실은 10퍼센트를 알고 있다고 말하는 것도 과도하게 야심 찬 생각이다. 우리는 아직도 우리 뇌가 서로 다른 유형의 뉴런들을 어떻게 활용하여 문제를 해결하는지 알지 못한다. 우리는 일부 개념을 갖고 있고 그 개념들을 증명할 수는 있지만, 전체 이야기는 모른다. 그것은 마치 몇 페이지가 떨어져 나간 책을 읽는 것과 같다. 《골디락스와 곰 세 마리》를 읽을 때 골디락스가 미지근한 죽을 먹는 부분이 빠져 있어서 차가운 죽을 먹고 난 다음 잠들었다고 읽으면, 우리는 그 아이가 북극의 환경에 익숙해져 차가운 죽을 먹는 이상한 습관이 들었다고 생각할 것이다. 그렇게 우리에게 필요한 맥락은 사라지는 것이다.

우리가 그리는 미래로 나아가길 원한다면 답을 찾아야

할 질문이 많다. 과학적 협력이나 출판과 관련한 장애물에도 불구하고, 야망을 품은 생명공학 기업들은 그 미래를 이전에 상상할 수 있었던 것보다 훨씬 더 가까이 당겨오기 위해 학계 연구자들과의 협력에서 선도적 위치를 차지하려고 서로 경쟁 하고 있다. 이 장에서는 실험실에서 진행 중인, 큰 기대를 모으고 있는 최첨단 연구들을 개략적으로 소개하고 이 프로젝트들이 뇌과학의 미래를 어떻게 바라보며 준비하는지 살펴볼 것이다.

1. 과학과 기술의 혼합

뇌 영상

솔직히 털어놓자면, 이 장의 아이디어를 처음 떠올렸을 때 내 머리에 곧바로 떠오른 질문은 '내 뇌를 로봇에 이식해 삶을 연장할 수 있을까?'였다. 사람들에게 뇌과학에 관한 질문을 보내달라고 요청한 후, 나는 다른 사람들도 나처럼 그런 의문을 품고 있음을 알고 마음이 놓였다. '최소한 내가 미래에 외톨이 로봇으로 지내지는 않겠네' 싶었다. 그건 그렇고, 우리의 기억, 생각, 성격을 컴퓨터화한 합성 뇌에 업로드하여 우리 몸이 죽더라도 우리 자신의 한 버전은 여전히 계속 '살아가는' 일이 과연 가능해지기는 할까? 만약 가능하다면 그건 어떤 모습일 것이며 어떻게 해야 그런 기술 개발에 착수라도 할 수 있을까? 미래에 우리는 정말 이런 일을 이뤄줄 기술을 깆게 될까?

우리의 모든 삶의 경험과 성격을 저장할 합성 뇌를 만든다는 개념에서부터 시작해보자. 우선 이 모든 정보를 저장할 만한 컴퓨터화한 복제물을 만들어야 할 것이다. 이 미래를 현실로 만들어줄 큰 이정표 하나는 바로 우리 뇌를 스캔하여 뇌 지도를 만드는 것이다. 사람의 뇌에는 880억~1000억 개의 뉴런이 있고, 각 뉴런마다 수천 혹은 수만 개의 시냅스가 있다. 이는 곧 지도를 작성해야 할 연결이 1,000,000,000,000,000 (1천조)개라는 뜻이다. 신경교세포(뉴런의 5배까지 달하는)를 비롯해 뉴런이 아닌 뇌세포들까지 합치면 훨씬 더 복잡해질 것이니, 두 뉴런 사이에서 일종의 중개자 역할을 하는 연합 뉴런 이야기는 여기서 꺼내지도 말자. 사람의 뇌를 이해하고 복제하려면 이 모든 것을 지도로 만들고 시각화해야 할 것이다. 그렇다면 그냥 거대한 지도만 있으면 된다는 말 아닌가? 음…… 그건 그렇기도 하고 아니기도 하다.

보여야 믿을 수 있다

다음 100년 동안 발전할 가장 중요한 분야 하나는 뉴런 내부에서 일어나는 일을 시각화해서 보여주는 기술이다. 전자 현미경이나 이광자two-photon 현미경★ 같은 현재 우리의 가장 뛰어난 현미경으로 보려면 세포들이 전혀 움직이지 않는 상태여야 하므로 관찰할 세포는 살아 있는 세포여서는 안 된다. 살아 있는 조직을 영상화할 수는 있지만, 일반적으로 이상적이라 할 수 없는 해상도로 느린 그림이 나온다.★★ 그래도 이를테면 수용체나 기타 단백질 들이 약물과 상호작용하는 방식을 관찰할 수 있도록 살아 있는 뇌세포를 실시간으로 시각화해주는 영상 기술이 나온다면 어떤 약이 정확히 어떻게 작용하는지 알아보게 해줄 돌파구가 될 것이다.

뇌세포의 특정 부분에 라벨이나 태그를 붙일 수 있게 해주는 더 새롭고 특화된 영상 기술 역시, 시간이 흐름에 따라 여러 뇌 영역에서 일어나는 변화를 추적하게 해줄 것이다. 사실상 이 정보를 거꾸로 분석하면 애초에 뇌에서 무슨 일이 일어나서 질병 과정(연구하기가 쉽지 않고 아직 완전히 탐구되지 않은)을

★   레이저를 쏘아 뉴런을 빛나게 혹은 형광 빛을 발하게 만드는 과정이 포함되며 현재 수준에서 가장 탁월한 현미경이다.

★★   살아 있는 동물을 대상으로 연구하는 미국의 한 연구팀이 쓰는 개선된 이광자 현미경은 전기신호를 볼 수 있을 정도의 높은 프레임 속도로 뉴런을 기록하는 FACED(자유공간 각 처프 향상 지연) 기법을 사용하여 대단히 향상된 결과를 보였다.[90] 하지만 이 현미경은 뇌조직의 1밀리미터만 관통하므로 더 깊은 영역에는 도달할 수 없다.

촉발하는지 이해할 수 있다. 오늘날의 현미경은 높은 영상 품질을 얻는 대신 빠른 처리 시간을 포기하든가, 더 빠른 대신 낮은 해상도를 감수해야 한다. 미래 영상 기술의 관건은 높은 해상도와 느린 처리 시간 사이의 갭을 줄이는 일일 것이다. 뉴욕에 기반을 둔 알리파샤 바지리Alipasha Vaziri의 연구소는 1밀리미터보다 더 깊은 곳의 영상을 볼 수 있게 해주는 삼광자 현미경 기술을 개발하며 바로 그러한 목표를 추구하고 있다.★[91] 이 기술은 살아 있는 동물들이 돌아다니며 환경과 상호작용하는 동안 1만 2천 개의 뉴런을 기록할 수 있고, 그 덕에 연구자들은 동물의 행동에 따라 뇌가 어떻게 변하는지 연구할 수 있다. 이는 정말로 경이로운 성취다.

　이 거대한 영상들은 너무 많은 데이터를 창출하기 때문에 보통의 컴퓨터로는 처리하기 어렵다. 따라서 영상 처리 분야가 훨씬 더 발전해야 하는데, 이는 테크놀로지와 현미경 기술, 컴퓨터 소프트웨어와 인공지능의 혁신적인 협업에 달려

　★　연구팀은 하이브리드 다중 조각 광 현미경(HyMS, hybrid multi-plexed sculptured light microscopy)을 선구적으로 사용하여 살아 있는 동물이 환경과 상호작용하는 동안 뇌에서 어떤 변화가 일어나는지 살펴본다.

있다. 뇌과학의 발전은 이러한 기술 혁신과 함께할 때 가능해진다.

2019년에 매사추세츠 공과대학의 한 연구팀은 노벨상을 수상한 과학자 에릭 베치그Eric Betzig의 연구소와 협업하여 뉴런의 경이로운 모습을 들여다보았다. 그들이 들여다보기로 한 것은 여러분도 짐작했을지 모르지만, 바로 우리가 총애하는 초파리의 뇌였다.[92] 그들은 **팽창 현미경**expansion microscopy이라는 기술을 발명했는데, 이는 뉴런들의 사이즈를 부풀려 3차원 이미지를 만들 수 있다는 개념이다. 이렇게 만들어진 그야말로 혁명적인 이미지들을 통해 연구자는 4천만 개에 달하는 시냅스들을 모두 셀 수 있을 뿐 아니라 그중 특정 뉴런이나 시냅스에 집중할 수도 있다. 이는 믿을 수 없을 만큼 굉장한 일이다. 마치 건초더미에 숨은 바늘 하나의 사진을 찍는 것과 같다. 음, 그러니까 엄청나게 많은 건초더미 속 4천만 개의 바늘이랄까. 게다가 그 많은 건초더미의 크기는 겨우 손톱 끝에 올릴 수 있는 정도다.

더 나아가 이 첨단 현미경과 가상현실 헤드셋을 결합하면 과학자들이 뇌의 모든 연결을 시각화할 수도 있다(헤드셋을 쓰면 말 그대로 뇌 속을 둘러보며 놀아다닐 수노 있다). 하지만 현재로서는 이 기술에도 뇌세포의 특정 영역이 형광 처리가 되지 않는다거나 팽창 과정에 잘 응하지 않는 등의 몇 가지 결점은 있다. 이런 문제는 추가 연구를 통해 우리가 이 기술을 더 잘 이해하고 발전시키면 해결될 것이다.

기억을 업로드할 수 있을까?

자, 이제 다시 컴퓨터화한 뇌를 만드는 일로 돌아가보자. 사람의 뇌세포를 들여다볼 때 생기는 가장 주요한 문제는 그 과정에서 세포들이 죽는 경향이 있다는 점이다. (전체 뇌를 들여다보는 병원에서 하는 뇌 스캔과 달리 작은 뉴런 몇 개를 들여다보는) 연구실에서 뇌세포의 선명한 그림을 얻으려면 뇌세포를 안정화하여 움직일 수 없게 해야 한다. 적어도 오늘날의 연구실에서 이 문제를 피해갈 수 있는 한 가지 방법은 최근에 사망한 뇌를 사용하는 것이다. 또 하나 더 적나라한 방법은, 어떤 사람이 막 사망하기 직전의 순간에 뇌를 보존하는 것이다. 따지고 보면 결국 목숨을 앗아가게 되는 방법이지만, 그래도 살아 있는 뇌에서 정보를 얻을 수는 있다. 넥톰Nectome 이라는 기업이 바로 이런 일을 한다. 위독한 말기 환자 중에서 자신의 뇌를 보존하기로 선택한 사람들이 이 일에 자원한다. 자신의 뇌세포들을 저장하고 그럼으로써 자신의 기억을 거의 완벽한 상태로 보존하는 것, 한마디로 그 순간의 상태로 뇌를 동결하려는 의도에서다. 넥톰은 기억 보존이라는 새롭고 실험적인 뇌과학 분야의 선두에 서 있다. 2018년에 사망한 지 몇 시간 지난 사람의 뇌를 꺼내 넥톰의 신기술을 사용하여 보존했고 그로써 이 방법이 효과가 있음이 증명되었다.[93] 그 뇌는 다른 뇌의 저장 과정을 더 완벽하게 만들기 위한 이후의 연구에 사용될 것이다.

이러한 새로운 유형의 보존을 위해 넥톰은 글루타르알데히드를 기반으로 한 화학 용액을 개발하여 미래 세대가 해독할 수 있도록 뇌와 그 속에 담긴 현미경으로 봐야만 보이는 미세한 구조물들을 그 상태 그대로 고정했다. 각각의 시냅스에 최소한 30만 개의 분자가 존재한다는 사실, 게다가 그중 어느 분자가 기능적으로 기억과 관련된 것인지, 또 그 세포가 장기 기억 저장에 그 분자들을 어떻게 사용하는지를 우리가 제대로 알지 못한다는 점까지 고려하면 이는 결코 쉬운 일이 아니다. 뇌과학자들은 이미 뇌 조직을 보존할 수는 있지만, 그 과정에서 많은 손상이 발생한다. 따라서 이후의 연구에 사용할 수 있을 만한 정도의 보존 수준 근처에도 가지 못한다. 넥톰의 새로운 접근법이 그토록 큰 흥분을 일으키는 이유다.

넥톰의 야심 찬 목표는 어떤 식으로든 다시 살려내게 될 때를 대비해 뇌를 보존해두는 것이다. 하지만 인간 뇌에 다시 생명을 불어넣는 일은 앞으로 한 세기 후라고 해도 현실적으로 이루어질 가능성이 없다고 믿는 과학자들이 많다. 우리는 아직 뇌가 어떻게 연결되어 있는지도 잘 모른다. 심지어 우리가 커넥톰, 그러니까 뇌 지도를 갖고 있다고 하더라도 그것만으로 우리가 뇌에 담긴 정보를 추출하고 해독하는 방법까지 알게 되는 것은 아니다. 하지만 넥톰은 자신들이 단지 뇌 조직의 장기 보존에만 집중하고 있음을 강조한다. 그들은 (적어도 우리가 알기로는) 기억 저장의 기반인 연결, 시냅스, 축삭 들을 보존하는 데 전념하고 있고 현 단계에서 뇌를 되살리는 일은 시도하고 있지 않다.

기억 형성에 관한 구체적인 사항을 둘러싼 여러 의문점이 여전히 풀리지 않았으므로, 성격과 행동을 식별하고 미래의 아바타에 업로드하는 일이 가까운 시일 내에 이루어질 것 같지는 않다. 여러 중요한 궁금증들이 답답할 정도로 풀리지 않고 있다. 기억 형성 과정을 다루었던 1장을 다시 떠올려보면, 기억을 해독하는 일이 어려운 이유 중 하나는 각 기억의 작은 세부 사항들이 뇌 전반에 널리 퍼져 저장되어 있다는 점이다. 감정 영역, 시각 영역, 논리 영역을 비롯한 여러 영역으로 이어지는 연결들이 함께 하나의 기억을 구성할 수도 있다. 예를 들어 언젠가 어떤 농담을 듣고 웃었을 때나 사랑하는 이에게 느꼈던 공감의 감정, 혹은 언젠가 보았던 그림에서 소중함을 느꼈던 일 등 한 가지 사건을 기억하는 것을 단 하나의 수용체 혹은 단 하나의 이온 통로가 모두 전담하는 게 가능한 일일까? 더 흥미로운 질문이 있다. 우리가 이 변화들을 이해한다면 우리는 원치 **않는** 기억을 삭제할 수 있을까? 예를 들어 놀이공원에서 한 행복한 경험은 기억하고 싶겠지만, 놀이기구에서 내린 뒤 토했던 일은 기억하기 싫을 수도 있지 않은가.

그럴 가능성은 별로 없을 것 같고 그보다는 우리가 뇌의 데이터 일부를, 그러니까 이를테면 어떤 기억이 대략 십 년 단위로 어느 시기에 속하는지, 혹은 이전에 가봤던 장소의 대략적인 모습이 어땠는지, 어떤 사람이 사용했던 언어가 무엇인지 하는 등의 부분적 데이터를 기본적 수준에서라도 '읽어낼' 수 있게 될 가능성이 좀 더 크지 않을까. 이것도 생각보다 훨씬 어려운 일이다. 하나의 기억은 영화 필름 한 릴이나 그

림 한 장처럼 저장되는 것이 아니기 때문이다. 오히려 기억
은 뉴런들의 상호작용으로 만들어진, 각자 미묘한 변화를 품
고 있는 세부 정보들의 집합으로 이루어진다. 이 커넥톰을 해
독하기 위해서는 강력한 인공지능이 뇌세포들의 연결 **방식**뿐
아니라 그렇게 연결되는 **이유**도 학습해야한다. 이 문제를 풀
기 위해서는 먼저 사람이 첨단 인공지능이 탑재된 무선 헤드
셋을 착용하고 몇 달을 보내야 할 테고, 그런 뒤에야 인공지
능이 뇌 보존 처리를 시작할 것이다. 이는 합성 뇌 안에서 뇌
경로들을 재생하기 위해, 또는 원래의 유기적 뇌를 '재시작'
하기 위해 커넥톰을 해독할 때 결정적으로 중요한 기술이 될
것이다.

사망한 뇌에서 기억을 꺼내오는 일이 가능하다고 가정해
보자. 뇌가 사망한 지 시간이 얼마나 지났는지에 따라 사후에
기억을 업로드하는 일이 가능할 수도 있고, 살인 직전의 마지
막 기억을 활용해 범죄를 해결하는 일이 가능할 수도 있다.
또는 살아 있는 사람에게서 기억을 다운로드하여 무선 기기
를 사용해 형사재판에서 진실을 확인하는 일이 언젠가는 가
능해질지도 모른다. 그러면 마침내는 소비 시장에서도 이 기
술을 활용할 것이고, 그 기술을 가지고 우리는 자신의 기억을

원하는 대로 인출하고 무선 기기를 사용해 행복한 기억이나 한 번 가본 장소를 찾아가는 길이나 단순한 쇼핑 목록까지 찾아볼 수 있는 미래를 만들 것이다.

미래의 뇌과학 연구와 제품 들은 뇌에 전극을 이식하지 않고도 가능한 비침습적 기록의 방향으로 나아갈 것이 거의 확실하다. 오늘날 우리가 가장 신뢰할 수 있는 뇌 데이터는 침습적인 방법으로, 즉 수술로 뇌에 이식한 전극으로 얻어낸 것이다. 연구 시에는 전극 이식이 필요하지 않은 사람들에게까지 침습적 처치를 하는 일을 최소화하기 위해, 뇌전증 발작 치료를 위해 이미 전극을 이식한 사람들을 모집하는 경우가 많다. 그래도 여전히 우리는 무선으로 뇌의 변화를 감지할 수 있는 미래를 향해 천천히 나아가고 있다. 이제 이를 살펴보자.

같은 머리, 새로운 몸

우리의 뇌를 보존하고자 한다면, 앞에서 말한 합성 뇌 같은 매개물을 만드는 단계를 생략해버리면 안 될까? 그냥 우리 머리를 다른 건강한 몸에 이식할 수 있다면, 귀찮게 우리가 죽은 뒤에 우리 뇌를 업로드하고 해독하는 갖은 수고를 덜 수 있지 않을까. (독자들이 토하고 올 동안 잠깐 휴식.)

1908년에 찰스 거스리^{Charles Guthrie}라는 과학자는 개 한 마리의 머리를 다른 개의 목에 붙이려 시도했다. 그 개는 몇 시간을 채 살지 못했다. 하지만 1971년으로 재빨리 넘어가 보면 한 외과 의사 팀이 원숭이의 머리를 다른 원숭이의 머리에 이식하는 끔찍한 수술을 했다. 원숭이는 8일 동안 살아남았고 외과의들은 그동안 원숭이의 후각, 미각, 청각 같은 기본적 감각 몇 가지를 되살렸다.[94] 물론 이는 악몽의 재료이자 과학의 이름으로 자행된 처참한 희생이다. 그러다 2019년에 근위축증에 시달리던 발레리 스피리도노프^{Valery Spiridonov}라는 33세의 러시아 남자가 다른 사람의 몸에 자기 머리를 완전히 이식하는 최초의 인물이 되기로 결정했다. 그로부터 몇 년 전 그는 이탈리아의 신경외과의사 세르지오 카나베로^{Sergio Canavero}와 만나 세계 최초의 인간 머리 이식 수술을 하기로 의기투합했다. 하지만 최근 스피리도노프는 결혼을 하면서 그 위험한 수술을 하지 않기로 마음을 바꿔 결정을 번복했다. 카나베로가 미래에 다른 자원자를 반드시 찾겠다고 맹세한 걸 보면, 이런 수술의 실현 가능성을 증명하겠다는 과학계의 결심은 확고해 보인다.

이런 종류의 수술에 대한 윤리적 우려(이런 이유로 카나베로

는 여러 나라에서 연구를 실시하는 데 곤란을 겪고 있다)는 제쳐두더라
도, 그 일을 이루는 데 필요한 기술적 역량도 오늘날 우리에
게는 까마득하다. 척수와 척수의 뉴런들을 다시 붙이는 방법,
몸과 뇌로 가는 혈류를 유지하는 방법, 목과 혈관, 신경을 비
롯한 모든 것을 붙이는 여러 외과적 기술들은 많은 이들이 가
까운 시기 안에 이룰 수 없을 거라고 생각하는 과제들이다.

뇌-컴퓨터 인터페이스

뇌과학과 공학의 결합에서 나올 가장 스릴 넘치는 개념
중 하나는 미래에 우리가 살아갈 방식에 가장 큰 영향을 미칠
만한 것이다. 뇌-컴퓨터 인터페이스라는 이 개념은 인간의 뇌
와 컴퓨터 사이의 직접적인 커뮤니케이션을 지칭하며 생각의
힘만으로 우리 주변 세계와 완전히 새로운 방식으로 상호작
용하는 것이다. 사실 이런 유형의 연구는 1970년대 이후 계속
발전했고 지금 우리는 이 기술에서 얻을 수 있는 혜택이 무엇
이며 어디에 그 잠재력이 있을지를 마침내 목격하기 시작했
다. 이 분야는 워낙 빠른 속도로 성장하고 있어서 2027년이
면 뇌-컴퓨터 인터페이스의 소비자 시장의 경제적 가치는 약
40억 달러에 달할 것으로 예상된다.

가상현실은 이미 우리 곁에 있고 게임 콘솔이 있는 사람이라면 누구나 가상현실 기기의 광고를 어디선가는 보았을 것이다. 스마트폰을 끼워 넣을 수 있는 소형 헤드셋부터 어느 각도를 보든 실제로 야외에서 드라이브하는 느낌을 주는 완전한 실감형 자동차 경주 게임까지 다양하다. 미국 보스턴에 있는 뉴러블Neurable 이라는 기업은 어웨이크닝Awakening 이라는 가상현실 게임을 선보이며 우리를 그 궁극의 경험으로 한 걸음 더 가까이 데려다주었다. 이 게임의 남다른 점은 우리의 정신으로 이 가상현실 속 움직임을 통제한다는 것이다. 넥스트마인드Nextmind 등의 다른 기업들도 최첨단 뇌과학과 새로운 기술을 접목해 대중을 위한 제품을 만들어내고자 나섰다. 넥스트마인드는 눈의 움직임을 분석하여 명령어로 번역해내는 헤드셋을 개발했다. 그 헤드셋을 쓰고 텔레비전을 보면 채널을 바꿀 수 있고 볼륨을 높이거나 메뉴 화면을 열 수도 있다. 이 제품은 오늘날 일반인이 구매할 수 있지만, 이건 뇌-컴퓨터 인터페이스 개발에서 첫걸음에 지나지 않는다.

브레인코Brainco, 뉴로시티Neurosity, 패러드로믹스Paradromics, 뉴러블 같은 몇몇 기업은 뇌 속에 있는 전극을 더 잘 기록하고 모니터링할 방법을 연구하고 있다. 현재 우리 뇌에서 얻을 수 있는 가장 정확한 측정값은 수술로 뇌에 심어둔 전극에서 나온다. 물론 이는 일반 대중이 사용하기에 그리 좋은 방법이 아니며 현재 이 방법은 다른 방법으로는 치료가 안 되는 중증 뇌장애가 있는 사람들에게만 쓴다. 뇌 자체에 가해지는 손상을 최소화하기 위해 되도록 가는 전극을 사용하는데 사람의 머리카락만큼 가는 것도 있다. 현재 개발 중인 무선 뇌전도 기기는 이 기술이 앞으로 지향할 방향이며 결국에는 주변 사람들이 알아채지 못할 정도로 작은 크기로 소형화될 것이다. 표준적인 뇌전도 측정치를 사용하는 몇 가지 뇌-컴퓨터 인터페이스도 현재 출시되어 있으며 명상, 주의력 수준, 수면과 감정 상태에 도움을 준다고 광고하고 있다. 뇌 신호 기록을 위해서는 싱크론Synchron이라는 회사가 전극을 이용한 고감도 기록과 감도는 낮지만 비침습적인 기술 사이 중간 지점을 연구하고 있다. 2020년에 싱크론은 목의 경정맥을 통한 전극 삽입에 성공하여, 운동 뉴런 질환이 있어 움직이지 못하던 환자 두 명이 문자 메시지로 의사소통할 수 있게 해주었다.[95] 먼저 인공지능 소프트웨어가 몇 주에 걸쳐 그들의 뇌 신호를 학습하고 그 후로는 어떤 단어를 생각하기만 하면 인공지능이 그 단어를 골라낸다. 이는 뇌에 꼭 전극을 이식하지 않아도 뇌 신호를 더 잘 감지할 수 있다는 뜻이므로 아주 중요하다. 이 기술은 소비재보다는 의학적 환경에서만 잠재력을 발휘할지도 모르지만, 어쨌든 전극 기록 장비를 개선하는 방향으로 이미 연구가 진행되고 있다. 전극 이식 수술 자체는 상대적으로 안전한 편이지만, 전극은 언제나 뇌세포에 손상을 초래할 것이고 우리는 아직 이식된 전극이 초래하는 장기적인 손상에 관해서는 완전히 알지 못한다. 세포 손상을 초래하지 않으면서도 뇌 신호를 완벽히 포착할 수 있는 새로운 기록 장비가 나온다면 그 문제를 극복할 수 있을 것이다.

컴퓨터처럼 글쓰기

2017년에 페이스북(메타)은 놀라운 속도로 우리가 생각하는 것을 단어로 바꿔주는 착용 기기를 만들 것이라 대담하게 선언했다. 평균은 분당 40단어인데, 분당 100단어를 목표로 하고 있다. 페이스북의 리얼리티 랩은 여러 대학의 연구팀들과 파트너 관계를 맺고 사람의 뇌 활동을 분석함으로써 생각을 텍스트로 번역할 수 있는 인공지능 시스템을 개발하고 있다. 지금까지 그중 한 연구팀이 250단어를 인식할 수 있는 인공지능을 만들었는데, 현재로서는 미리 선택해둔 문장들에서 단어를 골라내는 것으로 실제 대화에서 인식하는 수준과는 아주 거리가 멀다. 최초로 뇌 활동에서 말을 해독해낸 지 10년이 지난 지금까지도 이 기술은 아직 걸음마 단계에 머물러 있지만, 페이스북은 다음 10년 안에 눈부신 발전을 보게 될 거라고 예측한다. 리얼리티 랩은 그 발전이 증강현실 안경의 형태로 이루어질 가능성이 크다고 말한다. 그들은 침습적인 뇌 전극 대신 빛을 이용해 뇌 내 산소 농도를 측정하려고 한다. 이 방법이 가능한 이유는, 뇌가 더 많이 활동할수록 산소 사용량이 증가하며 이는 관찰로 알 수 있기 때문이다. 뇌의 각 부분에서 혈류량의 증가를 측정하는 MRI 스캔과 비슷한 방법이다. 아직 개발해야 할 것이 많긴 하지만, 뇌과학이 최첨단 기술과 어떻게 연결되고 있는지를 보면 실현될 거라는 확신이 든다. 이 기술을 상용화하려는 움직임 역시 뇌가 어떻게 작동하는지 또 전기신호를 어떻게 활동으로 바꾸는지를 더 깊이 이해하는 데 일조한다.

그 잠재력을 생각해보면 앞으로 이 기술은 현재 구글 어시스턴트 '헤이 구글' 같은 방식으로 가정에서 사용될 것이 분명하다. 우리는 생각을 메뉴 선택으로 바꿔주는 헤드셋을 사용하여 테이크아웃 음식점에서 음식을 주문할 수 있게 될

것이다. 소비자용 뇌-컴퓨터 인터페이스는 오늘날 수백만 명
이 사용하는 피트니스 트래킹 기기와 유사한 제품들에 사용
될 것이고, 결국 우리 일상의 한 부분이 될 것이다. 소셜미디
어부터 쇼핑, 거리에서 일상적인 사물들과 상호작용하는 일
까지 모든 일에 증강현실 기기를 사용하는 것이 대중용 뇌-
컴퓨터 인터페이스의 미래 모습일 것이다. 미래에는 그런 기
기들이 아주 흔한 물건으로 보일 수 있겠지만, 그 기기들의
기반이 되어줄 뇌과학 원리는 1세기 이상 연구된 것이다.

　핀란드 헬싱키의 한 연구팀은 뇌과학 원리를 새로운 수
준으로 끌어올렸다. 31명의 뇌전도 기기에 인공지능을 연결
해, 이 사람들이 무엇을 보고 있는지 학습할 수 있었던 것이
다.[96] 이 인공지능 학습을 과학자들은 **신경적응 생성 모델링**
neuroadaptive generative modelling이라고 부른다(과학자들은 이렇게 긴
이름을 지어내는 걸 참 좋아하는 것 같다). 실험 참가자들이 나이가
많거나 적은 사람, 남성이나 여성의 특정한 표정이나 미소를
쳐다보면서 시간을 보내면 인공지능이 그 신호들을 해석하는
방식을 학습하는 것이다. 하지만 이게 다가 아니다. 인공지능
은 그 신호들을 읽는 법만 배운 것이 아니라 그 신호들을 해
석하여 사람들이 보고 있는 것이 무엇일지 자체의 이미지를

만들어내기 시작했다. 인공지능이 참가자들이 보고 있을 거라고 생각한 것에 관한 완전히 새로운 그림을 만들어낸 것이다. 이것이 대단한 이유는, 우리가 미래에 뇌의 정보를 해독하기를 원한다면, 인공지능 머신러닝이 중추적 역할을 해야 할 것이기 때문이다. 물론 아직은 아주 기초적 단계이기는 하지만, 이 실험으로 우리는 우리가 이루려는 미래에 얼마나 가까이 다가왔는지 실감할 수 있다.

커뮤니케이션

우리는 뇌과학이 의사소통에 도움을 주리라는 최초의 신호들을 확인했다. 실용적인 관점에서 볼 때, 뇌과학은 독립적으로 의사소통할 수 없는 사람을 도울 특별한 기회를 제공한다. 이는 현재 말을 할 수 없거나 신체 일부를 움직일 수 없는 사람들이 눈의 움직임을 사용해 천천히 문자 혹은 미리 골라둔 단어를 선택함으로써 의사소통할 수 있게 하는 기술이다. 이것도 대단한 일이기는 하지만, 우리는 더 대단한 일도 할 수 있다. 앞날을 내다보면 더 개선할 수 있는 아주 크나큰 잠재력이 있다.

생각을 컴퓨터 합성 목소리로 바꾸는 데 시간이 많이 걸린다면, 그냥 목소리를 건너뛰고 다른 사람의 뇌로 바로 전할 순 없을까? 2019년에 워싱턴 대학교의 안드레아 스토코Andrea Stocco는 뇌 대 뇌 커뮤니케이션을 실현했다. 그는 두 명의 실험 자원자에게 15헤르츠나 17헤르츠의 불빛 중 하나를 보게 했다.[97] 둘의 뇌에 뇌 전도기를 연결해 뇌가 빛의 주파수 차이에 따라 어떻게 달리 반응하는지 관찰할 계획이었다. 실험에서 두 사람이 15헤르츠의 빛을 바라보면, 머리에 부착된 뇌전도기가 이를 감지하고 연결된 컴퓨터를 통해 신호로 변환했다. 그런 다음 이 메시지를 다른 방으로 보내면 이 방에 있는 제3의 인물이 자기 뇌에 직접 전송된 전기신호를 받았다. 신호가 15헤르츠라면 이 제3의 인물은 번쩍하는 빛을 보게 된다(그들의 뇌 활동이 이런 일을 일으킨다). 만약 신호가 17헤르츠이면 빛이 나타나지 않는다. 이 기법은 아직 아주 새로운 것이기는 하지만, 뇌파를 다른 장소로 전송하여 메시지로 해독할 수 있음을 보여주었다. 현재 이 메시지는 이진 코드(1과 0)나 마찬가지여서 그 자체로 그리 대단한 건 아니지만, 그래도 서로 다른 장소에 있는 사람들이 소리 없이도 의사소통할 수 있음을 의미한다. 이 실험에서는 번쩍하는 빛이 보이는 것이 1, 아무 빛도 보이지 않는 것이 0이다. 그리고 이 모든 게 생각의 힘만으로 이루어진다. 이론상 이 신호를 보낼 수 있는 거리에는 제한이 없으며, 이는 전 지구적 범위의 커뮤니케이션이 가능하다는 뜻이다. 따분한 회의실에 앉아서 상사는 전혀 모르게 소리 없이 친구와 저녁 약속에 관한 메시지를 주고받을 수 있는 것이다. 단, 친구가 그 이진 코드를 이해해야겠지만 말이다. 뇌과학자들이 다양한 뇌파에 담긴 의미를 범주화할 수 있다면, 언젠가는 그것을 가상현실 헤드셋에 입력할 수 있을 것이고, 그러면 예컨대 오직 생각만으로 인터넷을 탐색하는 일도 가능할 것이다. 소파에 앉아서 인터넷 세상 속을 걸어 다닐 수 있는 것이다. 물론 이는 먼 미래의 일이지만, 과학은 언젠가 그런 일이 가능할 거라고 말해준다.

이 실험은 단순한 신호를 한 사람에게 보내는 일이 가능하다는 것을 증명했지만, 미래에는 수백 명이 동시에 커뮤니케이션하는 것도 가능해질 수 있다. 교육, 업무 회의, 사교 행사가 모두 이런 실험적 개념을 통해 이루어질 수 있겠지만, 완전히 상용화되기까지는 실험실의 연구보다 훨씬 더 오랜 시간이 걸릴 수 있다. 먼저 사람들이 이 새로운 기술을 받아들일 수 있어야 하며 고해상도의 비침습적인(즉, 전극 대신 헤드셋을 사용하는) 제품이 실제로 출시되려면 안전하고 효과를 믿을 수 있다는 것을 증명해야 하고 가격 부담도 크지 않아야 할 것이다. 나는 진심으로 그런 제품이 나오기를 고대한다.

언어

생각의 힘을 사용해 다른 사람에게 말하는 것으로는 충분하지 않다면, 마이크로소프트가 개발한 이 기술은 어떠한가? 대면 대화를 실시간으로 70개 언어로 번역할 수 있는 기술 말이다. 마이크로소프트 번역 앱은 보편 번역기의 첫 단계일 뿐이지만, 이미 한 대화에 100명이 참여할 수 있다(한 번에 한 사람만 말해야 한다는 제약은 있지만). 이 번역기가 한 언어당 100만 개 이상의 단어를 학습한다는(한 사람이 사용하는 어휘는 2만 단어 정도임을 잊지 말자) 점을 고려하면, 미래의 보편 의사소통기를 위한 아주 훌륭한 출발점이라 할 수 있다. 이 분야가 발전하면 언젠가 외부 기기 없이도 우리 뇌 안에서 번역이 바로 이루어질 날이 올 것이다. 뇌 대 뇌 커뮤니케이션이 예견된 경로로 계속 발전한다면, 이런 번역이 우리의 머릿속에서 지각도 못 할 만큼 빠른 속도로 이뤄질 수 있다. 번역된 말이 누군가의 목소리로 우리 머리 안에서 바로 들릴 것이다(처음에는 그게 아주 섬뜩하게 들리기는 하겠지만). 자기 뇌 안에서 다른 목소리를 들을 준비가 안 되어 있어도 걱정할 것 없다. 차세대 번역기는 아마도 안경이나 이어폰 같은 착용 가능 기기에 통합될 테지만, 뇌-컴퓨터 인터페이스가 언어 번역기와 짝을 이루리라는 전망은 아주 매혹적이다.

곁다리로 하나 더 이야기하자면, 다른 사람들과 대화하는 것도 정말 좋은 일이지만, 동물들과 의사소통하는 것도 사람들의 오랜 꿈이다. 줄링구아Zoolingua 라는 회사는 현재 자신들이 개발 중인 개와 대화하게 해주는 기기가 10년 안에는 출시되리라 믿고 있다. 반려동물을 키우는 사람의 70퍼센트가 자기 반려동물의 의사소통 방식을 정확히 이해할 수 있다고 말한다는 점을 고려하면, 반려동물 번역기는 꽤 가까운 시간 안에 볼 수 있을 것 같다. 그렇기는 하나, 우리는 현재 동물들 사이의 커뮤니케이션에 관해, 특히 동물 뇌의 언어 중추에 관해 아는 게 그리 많지 않다. 인간 뇌의 말하기와 언어 중추는 고도로 발달했기 때문에 이에 관한 우리의 지식을 그대로 동물에게 적용하는 일은 대개 신뢰할 만한 결과를 내지 못하는 것으로 밝혀졌다.

노스캐롤라이나 주립대학교의 한 연구팀은 개들이 주로 신체 언어로 의사소통하며 사람보다 형식도 훨씬 단순하다는 데서 착안해 개 가슴 줄에 개의 감정 상태를 모니터링하고 해독할 수 있는 센서가 있는 컴퓨터를 장착했다. 이 센서는 가정집에서 반려동물을 키우는 주인에게는 큰 쓸모가 없을지 모르지만, 수색견과 구조견, 폭발물 탐지견, 보조견을 훈련하는 데 도움이 되리라는 점에서 기술 개발에 큰 힘을 받고 있다. 기술과 과학이 계속 발달한다면 착용 가능 기기들이 인간과 동물의 마음을 연결하는 강력한 기반이 될 것이다. 아마도 이를 통해서 이뤄지는 건 깊이 있는 의사소통보다는 기본적인 감정적 반응의 공유일 것이다.

※

2. 건강과 질병

오가노이드

과거에 뇌과학자들은 여러 뇌 영역이 어떻게 작동하며 왜 그 영역이 중요한지 알아내기 위해 뇌 손상의 결과를 관찰하는 일에 의존했다. 뇌 손상은 어떤 식으로든 뇌 기능에 제약을 가하기 마련이다. 그래서 과학자들은 손상이 어떤 결과로 이어지는지 관찰하려고 동물 뇌의 특정 영역들에 실제로 손상을 가해왔다(20세기에는 윤리적으로 매우 미심쩍은 일들도 있었다). 또 다른 실험 기법은 약물로 뇌 기능을 강화하거나 약화시켜 뇌세포의 작동 방식에 변화를 주는 것이다. 이렇게 어떤 질병의 병리학적 과정을 알아내거나 환자에게 적용하기 전에 치료법을 연구실에서 시험해보기 위한 실험을 질병 모델이라고 한다. 미래의 연구는 더 나은 질병 모델에 대한 과학적 투자에 달려 있다.

물론 오늘날의 연구에서도 과학자들은 모델에 의존하지만, 우리에게 정말 필요한 것은 질병의 시작을 보여주는 실험이다. 그러나 이는 사람을 대상으로 연구하기가 극히 어렵다. 신경학적 증상이 나타날 즈음이면 이미 그 병은 꽤 진행된 상태이므로, 과학자들은 질병의 초기 단계에 대한 모델을 만들 새로운 방법을 찾고 있다.

어떤 질병의 **발병 기전**(그 병이 어떻게 발생하는지)을 이해하면, 미래의 의료는 질병의 시작을 나타내는 표지에 초점을 맞출 수 있다. 그 표지는 이를테면 그 병이 발생하고 있음을 보여주는 신호로서 몸에서 분비되는 특정한 단백질일 수도 있다. 우리가 신경계 질환을 초기에 선별하고 감지하는 방식을 바꿀 수 있는 것이 바로 이 **생체표지자**biomarker다. 과학자들은 환자의 혈액(생체표지자는 일반적으로 혈액에서 찾는다)에서 여러 가지 변화를 발견할 수는 있지만, 그 변화들이 질병의 초기 단계와 어떤 상관관계가 있는지는 잘 알지 못하는 경우가 많다. 바로 이 때문에 우리는 어떤 일이 벌어지는지를 더 잘 살펴 새로운 것을 찾아내야 한다.

이제 우리가 살펴볼 오가노이드organoid(장기 유사체) 같은 모델들이 발전하면서, 우리는 질병 특이적 생체표지자 발견의 새 시대로 접어들어 이전 어느 때보다 더 정확히 질병을 진단하고 치료할 수 있게 되었다.

뇌 오가노이드는 질병을 더 깊이 이해할 수 있는 새로운 방법을 마련해줄 것이고 뇌과학자들은 이미 뇌 오가노이드를 활용해 뇌와 질병의 발병 기전에 관해 더 많은 걸 알아가고 있다. 뇌 오가노이드는 실험실에서 줄기세포를 배양하여 다양한 종류의 세포들로 분화시킨 것으로 일종의 삼차원 소형 뇌 같은 것이다. 오늘날의 실험실에서 만들어낸 뇌 오가노이드는 진짜 사람의 뇌를 닮았다고 하기에는 혈관도 면역계도 없는 너무 단순한 형태이지만, 뇌를 연구하는 데 필요한 결정적인 요소 몇 가지는 지니고 있다. 예를 들어 과학자들은 뇌 오가노이드를 통해 개별적인 세포 유형들이 서로 어떻게 상호작용하는지를 살펴보아 세포계에 관한 전례 없는 통찰을 얻을 수 있다.[98] 또한 오가노이드 세포의 생애주기를 관찰함으로써 질병이 어떻게 발병하는지 더 심층적으로 이해할 수 있다.

예를 들어 하버드 의학대학원의 한 연구팀은 알츠하이머병을 모방한 오가노이드를 만들고 이 병에서 핵심 부분을 차지하는 Aβ(아밀로이드 베타) 펩타이드가 세포 내에서 어떻게 만들어지고 축적되는지를 살펴본다.[★99] 연구팀은 이 유형의 오가노이드로 다른 유전 질환들에 대한 새로운 생체표지자 및 시험법도 발견할 수 있으리라 믿는다.

오가노이드는 동물 모델을 사용한 실험 결과를 사람에게 적용하기 어려운 조현병 같은 정신장애에서 특히 중요한 역할을 할 수 있을 것이다. 현재 단계의 실험 모델들로는 인간의 뇌에 적용하는 데 필요한 세부 사항을 다 갖추지는 못했지만, 그래도 인간 뇌 모델에 가까이 다가가는 중이다. 뇌과학 연구에서 오가노이드는 비교적 새로운 영역이지만, 조직공학과 합성생물학 같은 기술들과 결합하여 살아 있는 세포에 나노 기술을 적용할 미래의 오가노이드는 뇌과학이 나아갈 방향을 분명히 제시해준다.

과학자들은 이러한 기술들을 조합해, 예컨대 뇌세포의 운반 메커니즘이 어떻게 발달하고 기능 이상을 일으키는지, 또는 어떤 세포 변화가 장기 기억을 만들어내는지 같은 질문에 답을 찾을 수 있다. 가령 인공 지지체나 프로그래밍된 바이러

★　특히 알츠하이머병의 위험 요인으로 알려진 APP(아밀로이드 전구 단백질)와 PSEN1(프리세닐린 1) 유전자에 생긴 돌연변이를 살펴본다.

스를 투입해 뉴런들이 새로운 연결을 맺을 다른 뉴런들을 찾는 데 도움을 줄 수 있다면, 향상된 오가노이드 시스템을 활용해 실제로 그 과정이 어떻게 이루어질지 실험으로 알아볼 수 있을 것이다. 예를 들어, 2020년에 나온 한 연구는 헤르페스 바이러스로 알츠하이머병에 대한 새로운 오가노이드 시스템을 직접 만들 수 있음을 보여주었으며 이 오가노이드 시스템은 사람의 실제 질병에서 볼 수 있는 여러 특징을 갖고 있었다.[100] 다음에 입가에 따가운 물집이 잡히면 그 물집에 조금은 존경심이 생길지도 모르겠다.

이 연구들은 분명 뇌졸중, 치매, 암 등으로 인한 뉴런 손실을 예방하는 데 크게 기여할 것이다. 실제로 이 기술은 이미 현실에 스며들고 있다. 나노의학에서는 DPAC(DNA가 프로그램된 세포 조립)이라는 기술을 사용하여 과학자들이 원하는 대로 세포의 3차원 배열을 조율할 수 있다. 기본적으로 이 기술은 과학자들이 3차원 세포 구조물의 형태를 통제하는 방법이라고 할 수 있는데, 한 번에 작은 오가노이드 수천 개를 만들 잠재력을 지니고 있으며, 이 오가노이드들은 마치 벨크로처럼 서로 달라붙어 더 광범위한 '뇌 유사' 배양물을 만들어낼 수 있다.[101] DPAC 오가노이드는 조립하여 더 큰 레고 뇌를 만들 수 있는 레고 블록으로 생각하면 된다. 이것은 과학자들이 실험실에서 전체 뇌 영역을 만들어내는 단계로 더 가까이 다가가는 데 일조할 것이다. 그렇게 만들어진 전체 뇌 영역을 지닌 오가노이드는 약물 시험, 교육과 학습 그리고 (어쩌면 다가오는 세기에는) 부분 이식에도 사용될 수 있을 것이다.

 나아가 나노의학은 원자 하나 두께의 탄소 물질인 그래핀으로 만든 지지체도 활용하기 시작했다. 그래핀은 마치 훨씬 더 작고 더 특화된 레고 블록처럼, 형태를 어떻게 잡느냐에 따라 실험실에서 배양한 세포를 더 정확히 원하는 방식으로 발달시킬 수 있다. (납작한 배양접시 위의 2차원이 아니라) 3차원으로 키운 세포들은 실제 인체를 더 잘 흉내 낼 것이다. 그래핀 지지체가 특히 흥미로운 이유는 세포들을 부착한 채 다시 몸속에 넣어 정상적인 세포의 성장을 촉진할 수 있기 때문이다. 과학자들은 그래핀 지지체가 척수 세포와 뇌 세포를 회복시키는 데 도움이 되기를 희망하는데, 현 단계에서 이는 엄청나게 복잡한 과제다. 이 일이 이루어진다면 척수 외상으로 신체 일부에 감각을 잃고 걷지 못하는 환자들, 또는 뇌 외상으로 세포가 죽어 말하기, 동작, 기억에 문제가 생긴 환자들의 상태에 극적인 변화를 불러올 수 있을 것이고 현재 의학이 치료하기 어려워하는 수많은 사람의 삶에 유의미한 영향을 줄 수 있을 것이다.

크리스퍼 유전자 가위

의학의 가장 순수한 동기 중 하나는 건강의 기준을 높이고 사람들이 더 오래 더 행복하게 살아가게 하는 것이다. 이는 단순한 개념이지만 여기에는 복잡한 과제들이 뒤따른다. 우리 뇌는 대단한 일을 할 수 있지만, 오류의 위험성도 품고 있다. 뇌에 영향을 끼치는 질병들은 언젠가는 예방이 가능해지거나 건강한 사람과 거의 비슷한 삶의 질을 누릴 만큼 질병 이전의 상태와 가깝게 되돌릴 수 있을 것이다.

알츠하이머병이나 파킨슨병, 헌팅턴병에서 볼 수 있는 뇌 세포의 신경퇴행*은 새롭고 혁신적인 치료법이 절실하게 필요한 분야다.

신경퇴행에 대한 수백 가지 임상 시험이 진행 중이지만, 너무 많은 수가 실패로 돌아가기 때문에 거기서 효과를 보는

★　중추신경계(뇌와 척수)의 세포들이 기능과 구조를 잃고 제구실을 하지 못하게 되는 것을 가리키는 용어이다.

환자는 매우 드물다. 보통 신경퇴행에 대한 임상 시험은 효과가 나타나기까지 2년 이상 걸릴 수도 있다. 환자가 즉각 뚜렷하고 명백하게 호전되며 회복하는 모습을 상상하고 싶겠지만, 임상 시험을 통해 확인되는 것은 대개 인지 능력의 작은 개선 정도이며 이조차 증명하기까지 오랜 시간이 걸린다.

하지만 의학적 치료의 미래는 전망이 밝다. 미국에서 알츠하이머병 신약을 마지막으로 승인한 지 18년이 넘긴 했지만, 우리는 지금 새 세대 치료법에 그 어느 때보다 가까이 다가와 있다. 바이오젠Biogen이라는 회사의 단클론항체 아두카누맙은 병의 진행 속도를 늦추는 것으로 밝혀졌다.[102] 그 효과가 매우 제한적이기는 하지만 병의 진행 속도를 늦추려는 접근법 측면에서는 큰 한 걸음을 내디딘 셈이며, 이는 가까운 미래를 희망적으로 바라보게 하는 신호다. 이런 상황을 고려하면, 사람들이 평범한 삶이라는 소중한 시간을 몇 년 더 보내게 하는 것을 목표로 병의 진행을 늦추는 치료법들이 곧 등장하기 시작할 것이다.*• 물론 신경성 질환의 유전적 요인에서 나타나는 미묘한 차이들 때문에 모든 환자에게서 유사한 반응을 얻기는 어려울지도 모른다. 따라서 차세대 치료약들은 더 나은 결과를 얻기 위해 엄밀하게 표적을 정하고 특정 질병의 유전 요인을 지닌 환자 집단에 집중할 가능성이 크다 (개인 맞춤 의료라고 불리는 방법이다).

약 몇 알을 먹고 효과가 나타나기를 기다린다는 개념은 이제 수명이 다했는지도 모른다. 미래 치료약의 개발은 분명 오늘날에도 유망한 결과를 보이는 새로운 기술들을 활용할 것이다. 그렇다면 그건 어떤 모습일까?

2012년에 에마뉘엘 샤르팡티에Emmanuelle Charpentier 연구 팀은 작은 RNA(단백질을 만드는 유전자의 청사진) 조각이 특정 단백질**을 특정 DNA염기서열로 안내해가도록 만들 수 있음을 증명했다.[103] 중요한 것은 그 단백질이 그냥 아무 단백질이

★   BIIB092(고수라네맙gosuranemab)과 RO7105705(세모리네맙semorinemab) 은 현재 매우 유망한 임상 시험 대상인 면역글로불린 G4(IgG4) 항타우 항체로, 척수액 안에서 타우를 96퍼센트까지 감소시킨다는 증거가 있다. 타우는 뉴런 안에서 발견되는 단백질로 세포 신호, 가소성, 유전자 조절을 거든다. 하지만 일단 만들어진 타우는 형태가 바뀌며 뉴런 안에서 해를 초래할 수 있다. 타우 분자들이 서로 뭉치면 결국 뉴런을 죽일 수 있다.

•   고수라네맙은 2021년 6월 임상2상에서 실패하여 개발이 중단되었다.

★★   가장 널리 사용되는 단백질인 캐스9(Cas9)는, 박테리아가 바이러스 및 기타 병원체에 대항해 외래 DNA를 잘라냄으로써 공격을 멈추는 방어기제를 차용한 것이나.

아니라는 것이다. 이 단백질은 세포 속에서 DNA를 잘라 우리가 익히 아는 이중나선 구조를 유지하지 못하게 한다. 잘린 DNA 일부는 이제 나선에서 자유로워진 상태로 떠다닌다. 우리 몸이 DNA가 평소처럼 이중나선 상태가 아니란 걸 감지하면 복구 메커니즘이 촉발되는데, 이 복구 메커니즘 덕에 대부분의 상황에서는 DNA가 제대로 작동을 이어갈 수 있다. 사실 이런 복구 과정은 우리가 살아가는 동안 매일 일어난다. 우리는 아무것도 할 필요가 없다. 그냥 긴장을 풀고 쉬고 있으면 우리 몸이 다 알아서 한다.

크리스퍼CRISPR라는 기술은 '주기적 간격으로 분포하는 짧은 회문 구조 반복 서열Clustered Regularly Interspaced Short Palindromic Repeats'의 머리글자를 딴 것으로, 이 기술이 가능한 이유는 DNA 복구 메커니즘이 완벽한 것과는 거리가 멀며 곧잘 오류를 일으키기 때문이다. 때로 우리의 복구 메커니즘은 결함 있는 DNA 염기서열을 만들어낸다. 크리스퍼는 우리가 '결함이 있는' 유전자를 멈추고자 할 때, 혹은 어떤 유전자가 작동하는 것을 막고자 할 때 과학자들이 그 결과를 관찰하여 확인할 수 있게 해주는 막강한 도구다. 크리스퍼는 심지어 DNA에 새로운 유전자를 도입할 수도 있다. 예를 들어 식물이나 동물에 크리스퍼를 활용하여 가뭄 같은 환경 요인에 대한 저항성을 높이거나 말라리아를 퍼뜨리는 모기의 번식 능력을 잠재적으로 제거할 수도 있다.

크리스퍼의 가장 흥미진진한 용도는, 유전자가 신경성 질환에 미치는 영향과 그 병들이 애초에 왜 나타나는지를 이해하게 도와주는 것이다. 크리스퍼가 지닌 이 신나는 미래 전망 때문에 과학자들은 기대로 가득 차 두 손을 비비고 있다. 앞으로 그러고 있는 과학자를 발견한다면 그들이 무슨 생각을 하느라 그러는지 여러분은 훤히 알 것이다. 유전자 돌연변이가 어떻게 파킨슨병이나 알츠하이머병 같은 질병을 일으키는지 더 알아내면, 예상보다 이른 시기에 치료의 진전을 목격할 수도 있을 것이다. 미래의 치료법은 특정 질병을 일으키는 유전자를 수리함으로써 이미 생긴 병을 발병 이전 상태로 되돌리는 데 초점을 맞출 수도 있고 발병 자체를 예방하는 쪽에 맞출 수도 있다.[★104] 미국의 비르기트 슐레Birgitt Schüle 연구팀이 줄기세포를 배양하여 파킨슨병에 전형적으로 존재하는 DNA 손상을 수리한 연구 사례가 이를 잘 보여준다.[105] 그렇게 수리한 줄기세포를 환자에게 주입함으로써 일종의 줄기세포 대체 치료를 실시할 수 있다는 것이다.

이와 유사한 또 다른 방법도 알츠하이머병 치료에 낙관적인 기대를 갖게 한다. 알츠하이머병 및 기타 노화 관련 인지 저하에 저항성을 갖도록 줄기세포를 재프로그래밍하는 방법이다.[106] 이 새로운 방식의 유전자 치료는 다른 질병에도 적용할 수 있다. 미국의 한 연구팀은 낭포성섬유증과 관련된 유전자 돌연변이를 수정하도록 줄기세포를 편집했고[107] 미국과 독일의 두 연구팀은 협업하여 특정 유형의 빈혈을 일으키는 유전자를 변형하기도 했다.[108]

이 기술은 다음 세기로 넘어가기 전에 신경퇴행성 질환 발생 위험이 높은 사람들의 유전 부호를 변경하는 데 일상적으로 사용될 것이다.[109] 물론 윤리적 문제는 무척 신중히 고려해야겠지만, 그래도 과학으로 이런 일이 가능하다는 건 여전히 경이롭다.

크리스퍼의 미래 전망은 가슴이 두근거릴 정도이며, 실제

★　크리스퍼는 현재 낭포성섬유증, 백내장, 판코니 빈혈 같은 몇몇 유전적 결함을 표적으로 삼고 있지만, 아직은 실험적 단계일 뿐이다. 또한 연구자들은 보편적인 치료의 기반으로 삼을 수 있는 공통된 RNA 염기서열을 찾기를 바라며, 크리스퍼를 사용해 세균 감염과 바이러스 감염을 표적으로 삼는 시도도 하고 있다.

로 환자의 몸 밖에서 면역세포를 수정하여 암과 싸울 수 있게 프로그래밍하는 임상 시험들이 이미 진행되고 있다.★ 110 미래에 우리가 이 기술을 사용할 이유 중 하나를 꼽자면 바로 낮은 비용과 상대적인 단순함이다. 이는 더 많은 연구팀이, 특히 자금이 풍부하지 않은 연구실에서도 질병 치료 기술을 개발할 수 있다는 뜻이다. 엄청나게 다양한 연구팀이 현존하는 데이터를 반복 재현하고 있으므로 크리스퍼가 미래의 치료에 사용될 날은 곧 앞당겨질 것이다. 크리스퍼가 도입된 지 겨우 5년 만에 이미 과학자들이 이 기술을 사용해 배아의 심장 결함을 제거했다고 주장한다는★★ 111 사실을 고려하면, 신경질환 치료의 미래는 유전자 수정에 있는 것인지도 모르겠다.

★   크리스퍼 기술은 환자의 T세포(감염된 세포를 죽이며 B세포가 항체를 만들도록 자극하는 아주 중요한 면역세포)가 암세포를 인지하는 새로운 수용체를 발현하도록 처리하는 데도 사용되고 있다. 이렇게 처리된 면역세포를 다시 환자의 혈액 속에 주입하는 방법이 높은 성공률을 보였다. 이에 더해, 설치류 연구에서 과학자들이 T세포를 억제하는 유전자를 제거하자 T세포 수가 증가하고 종양의 크기는 줄어드는 결과가 나왔다. 연구팀은 환자들의 T세포 수준을 높이 유지하는 것을 목적으로 이 개입법을 초기 암에 사용하고자 한다.

★★   이 데이터는 세계적인 연구자들의 협업에서 나온 것이지만, 몇몇 과학자들은 데이터의 신뢰성을 의심하며 결함 있는 DNA를 수정한 것이 아니라 완전히 제거한 것이라고 말한다.112

크리스퍼의 사용은 뇌과학의 미래에 분명 중요한 일이지만 아직 해결되지 않는 문제들도 남아 있으며, 현재 연구자들이 그것을 해결하기 위해 노력하고 있다. 새로운 기술에는 새로운 과제가 따르기 마련이다. 크리스퍼의 수리 메커니즘 정확도는 과학자들이 원하는 만큼 높지는 않다. 처음에는 가장 좋은 결과에서도 효율이 80퍼센트 정도로 나왔는데, 이는 시도한 횟수에서 20퍼센트는 의도한 대로 작동하지 않았다는 뜻이다. 이렇게 되면 이 기술을 사람의 질병에 사용하기란 거의 불가능하지만, 기술이 발달하면서 정밀성과 효율도 개선될 것이다. 크리스퍼가 새로운 단계에 도달한 2018년에 한 연구팀이 이미 그 가능성을 보여주었다. 이들은 DNA 조각 수천 개와 수십억 가지 잠재적 조합을 분석함으로써 효율을 개선하기 위해, 그러니까 오류를 줄이고 신뢰성을 높이기 위해 정확히 어떤 염기서열들을 표적으로 삼아야 하는지를 예측하는 방법을 개발할 수 있었다.[113] 미래야, 기다려라. 우리가 간다!

또 하나 해결해야 할 문제는 DNA를 자르는 단백질의 크기가 상대적으로 커서 (수리 작업이 이뤄지는 장소인) 세포의 핵 속으로 집어넣기가 어렵다는 점이다. 보통은 바이러스(이 단계에서는 사용하기에 전적으로 안전하다)에 그 단백질을 집어넣는다. 바이러스는 오직 세포핵 속으로 들어가겠다는 그 목적 하나를 이루도록 디자인된 존재이기 때문이다. 문제는 바이러스에 넣을 수 있는 단백질의 크기가 제한되니 편집할 수 있는 유전자의 수도 제한된다는 것이며 과학자들은 이 운반 문제를 해결하려 계속 노력 중이다. 다행히 그리 오래 기다리지 않아도 이 문제가 개선될 듯하다. 최근 한 연구팀이 한 번에 여러 개(25개까지)의 유전자를 편집할 수 있음을 보여주었다.[114] 단지 유전자 25개만이 아니라 어쩌면 수백 개까지 편집해야 할 때도 있겠지만, 이 연구는 과학자들이 올바른 방향으로 나아가고 있으며 낙관과 창의성으로 그 과제에 도전하고 있음을 보여주었을 뿐 아니라, 미래에는 더 많은 유전자를 표적으로 삼아 더 높은 효율로 편집할 수 있을 테고 유전자 편집 기술에 힘입어 새로운 치료법들을 선보이게 될 것임을 강력하게 말해준다.

스타트렉

만약 우리가 질병 모델을 실험실 안에서 더 잘 만들 수 있고 새로운 영상 기술도 활용할 수 있다면, 실제로 그건 어떤 모습일까? 그 기술을 소형화하여 환자들이 병원에 가지 않고도 사용할 수 있게 될까? 미래에는 유명한 텔레비전 시리즈 《스타트렉》에서 보았던 휴대용 의료 스캐너 트라이코더 같은 것을 사용할 날이 올까? 음, 짧게 답하자면, 그렇다. 그런 날이 올 것이다.

2012년에 퀼컴Qualcomm은 《스타트렉》의 트라이코더를 실제로 구현하려는 엑스프라이즈 재단의 프로젝트를 후원했다. 《스타트렉》에서는 트라이코더라는 스캐너를 사용해 외계 생명체의 DNA를 스캔하고, 다양한 질병과 부상을 진단할 수 있으며, 대기 구성 요소도 분석할 수 있다. 퀼컴이 지원한 엑스프라이즈 상금에 힘입어 베이질 리프 테크놀로지Basil Leaf Techno logies는 인공지능이 장착된 덱스터라는 프로토타입을 공개했다.[115] 드라마에 나왔던 것보다는 크기가 훨씬 크지만, 태블릿이나 스마트폰에 연결할 수 있으며 디지털 청진기, 손목 센서와 흉부 센서, 혈압 및 혈당 측정기 등이 갖춰져 있다. 필요한 경우에는 사용자가 연구실에 소변 샘플을 제출하는 방법까지 안내한다. 가장 인상적인 것은 《스타트렉》의 스캐너와 마찬가지로 모든 검사가 비침습적으로 이루어진다는 점이다.

이 개별적인 검사들은 현재 어느 병원에서나 쉽게 받을

수 있지만, 미래의 의료계에서는 이런 일체형 스캐너를 일상 속에서 접할 수 있을 것이다. 하나의 기기로 이 모든 검사가 가능하므로 사람들이, 특히 병원과 먼 지역에 사는 사람들이 진단과 치료를 더 빨리 받는 데 도움이 될 것이다. 앞으로 몇 십 년 안에 인공지능을 활용한 자동화된 응답과 가상현실 병원 방문을 통해 이러한 가정용 스캐너가 여러 검사를 대체하는 모습을 보게 될 수 있다. 검사 결과는 의사에게 보내지고 의사는 필요하다면 병원에서 추가 검사와 진찰을 제안할 수도 있다. 오늘날의 스캐너는 감염, 당뇨병, 심장 문제, 호흡 문제, 고혈압을 감지할 수 있으며 특수한 비침습적 혈액 검사(그렇다. 피를 뽑을 필요가 없다)도 가능하다. 미래에는 이러한 스캐너가 신경질환에 대한 새로운 생체표지자를 감지함으로써 뇌건강 상태까지도 알려줄 수 있을 것이다.

　물론 스캐너가 자격을 갖춘 의사를 대체할 수는 없겠지만 질병의 조기 진단에는 유용할 것이고 환자가 연구실에 자주 방문할 필요 없이 집에 머물면서도 장기적인 임상 시험에 참여하게 해줄 것이다. 이 기술은 첨단 영상 기술 같은 뇌과학 발달의 다른 측면들과 더불어 미래의 건강 검진을 급진적으로 바꿔놓을 것이다.

3. 인간 강화

매트릭스 속으로

뇌과학 연구가 점점 더 과학자들을 첨단 기술 기업들과 협업하도록 이끄는 추세라면, 가상현실 헤드셋이나 스타트렉 스캐너 개발에서 멈출 리 없지 않겠는가? 뇌과학 지식을 활용해 우리 자신을 더 강화하는 것도 가능하지 않을까? 우리 자신을 초인으로 만드는 것뿐 아니라 돌이킬 수 없는 손상을 입고 제한적인 삶을 살아갈 수밖에 없는 사람들을 도울 수도 있지 않을까?

이 장의 대부분은 뇌과학이 어떻게 우리의 건강을 증진하거나 수명을 연장하거나 삶을 바꿔놓은 문제를 지닌 사람들을 도울 수 있는지에 초점을 맞춘다. 뇌에 관한 앎이 우리를 타고난 역량 이상으로 강화하고 개선할 수 있을지에 관한 이야기다. 우리의 뇌를 강화하는 일을 생각하면 나는 영화

《매트릭스》가 떠오른다. 영화를 보지 않은 사람들을 위해 덧붙이자면, 이 영화는 자신이 매트릭스라는 디지털 세계에서 살고 있으며 현실로 돌아가려면 '깨어나야' 한다는 걸 깨달은 인물인 '네오'를 중심으로 전개된다. 영화의 한 장면에서 네오는 일종의 수련 매트릭스로 들어가는데, 거기서는 쿵후를 배우는 것이든 무기 사용법을 배우는 것이든 그가 원하는 건 무엇이든 그의 정신으로 바로 업로드된다. 이 일은 몇 초 안에 일어나고 이제 그의 뇌는 매트릭스 안에서 그 기술들을 사용할 '근육 기억'을 갖고 있다. 이처럼 실제로 경험을 쌓는 긴 과정을 거치지 않고도 스스로 기억을 형성하도록 뇌를 학습시킬 방법이 있을까? 뭐, 어느 정도는 그렇다고 할 수 있다.

　무척 인상적인 연구가 하나 있는데, 쥐 한 마리가 미로 속을 돌아다닌 경험을 다른 쥐에게 전송하게 함으로써 둘째 쥐에게서 학습의 수고를 덜어준 것이다.[116] 천둥이 내리치고 폭풍이 몰아치는 가운데 어떤 고딕풍 성에서 했을 법한 실험 아닌가. 아무튼 쥐들의 익명성 보장을 위해 이름은 가명으로 처리하겠다.

　핑키라는 쥐는 레버를 당기고, 미로를 통과하고, 그 과정에서 만나는 여러 가지 것과 상호작용하는 과제를 수행해야 한다. 이 일을 하는 동안 핑키의 뇌 신호는 다른 곳에서 이 녀석의 수고는 전혀 모른 채 쉬고 있는, 브레인이라는 쥐에게 전송된다. 과학자들은 브레인이 모든 과제를, 그중에서 특히 미로를 더 빨리 학습한다는 것을 알아냈다. 브레인에게도 몇 번의 시도는 필요했지만, 처음에 핑키가 했던 횟수보다는 훨씬 적었다. 이제 핑키와 브레인이 합심해 세계를 정복할 날도 멀지 않았다.

이 연구는 정보가 부분적으로는 서로 다른 개체의 뇌에서도 같은 방식으로 부호화된다는 것 그리고 뇌는 우리가 단지 어떤 대상을 보는 '척하는' 것만으로도 그 대상에 반응하는 법을 학습한다는 것을 알려준다. 또한 뇌가 정보를 처리하는 데 촉각과 시각에 얼마나 많이 의지하는지도 일깨워준다. 이를 여러분이 시험을 치려고 하는데 그 전에 친구가 여러분에게 답안지를 준 것이라고 생각해보자. 답안지에는 답이 완벽하게 다 적혀 있지는 않지만, 첫 부분을 푸는 데 필요한 답은 있고 힌트도 많이 담겨 있다. 그 덕에 여러분은 재빨리 문제 풀이에 돌입할 수 있고 스스로 답을 찾아내는 데 들어가는 시간이 많이 절약된다. 학습한 내용이 전부 다 전송되지는 않은 정확한 원인이나 답안지가 완전하지 않은 이유가 무엇인

지는 우리도 모른다. 하지만 여기 담긴 잠재력은 경이로울 정
도다. 미래에는 우리가 배우고 싶은 무언가를 고르고 그런 다
음 말 그대로 그 수업에 우리 뇌를 노출시키기만 하면 될지
도 모른다. 심지어 이 과정을 뇌가 쉬고 있을 때 그리고 하루
동안 겪은 기억과 새 정보를 응고화하는 때인 수면 상태에서
도 수행할 수 있을 것이다. 이론상으로 이는 그리 급진적인
아이디어가 아니다. 우리 뇌는 실제로 어떤 활동을 하지 않으
면서도 그 활동에서 혜택을 얻을 수 있다. 머릿속에서 긍정적
인 생각을 하거나 어떤 시나리오를 돌려보는 시각화 기법은
이미 스포츠 기량 향상에 큰 영향을 미치는 것으로 증명되었
다.[117] 심지어 한 연구는 실제로 움직이지 않을 때도 시각화만
으로 뇌가 근육에 보내는 신호를 증가시킬 수 있고, 그 결과
손가락과 팔꿈치의 근육을 더 강하게 만들 수 있다는 것도 보
여주었다.[118] 이 분야의 연구가 더 진전되면 분명 우리가 학습
하고 개선하는 방식에 놀라운 변화가 생길 것이다.

근처에 있는 브레인스킬스 매장에 가서 중국어나 스페인
어 학습을 도와주는 USB를 사 와서 헤드셋에 꽂은 채 해변에
서 쉬고 있을 여러분을 상상해보라. 그 언어 전체를 다 배울
수는 없겠지만, 다음번에 해당 언어를 말하려고 시도할 때 훨

씬 더 익숙하게 느껴질 것이고 거기에 연습을 더하면 이미 익숙해진 기억들이 장기 기억으로 저장될 것이다. 그렇게 되면 주말에 넷플릭스나 브레인스킬스 TV를 몰아보는 일도 새로운 의미를 띨 것이다.

인공 신체 부위

현재 과학자들은 뇌 손상 이후 기능을 되살리기 위해 이식할 수 있는 뇌 부위들을 만들려 노력하고 있다. 미국의 두 연구팀이 진행한 해마 재건 프로젝트는 이 방향으로 흥미로운 도약의 한 걸음을 훌쩍 내디뎠다.[119] 그들은 한 사람이 원래 지닌 기억 패턴을 활용하여 자연적인 기억 부호화와 기억 인출을 강화할 수 있었다. 이는 마치 코러스가 가수의 노래를 보조하는 것과 비슷하다. 그들은 같은 노래를 부르지만 소리를 더 힘있게 만들어준다. 한마디로 뇌가 정보를 더 오래 지속되는 견고한 기억으로 부호화하여 쉽게 기억하도록 하는 것이다.

이 연구에서는 뇌전증 환자들의 해마에 전극을 삽입하여 유용한 정보를 기억하는 데 사용되는 기억 유형인 일화 기억을 연구했다. 참가자들이 기억 과제를 수행할 때 생기는 전기

발화 패턴을 기록하고 분석하여 그들이 그 과제를 다시 반복할 때 뉴런들에게 '코러스가 같은 노래를 불러주듯이' 그 패턴을 다시 보내준다. 그러자 참가자들은 기억력이 즉각 향상되면서 이전보다 37퍼센트를 더 기억했다. 이는 경이로운 성과이자 기억이 만들어지는 방식과 미래의 질병 치료 방식을 우리가 성공적으로 이해하고 있음을 증명해주는 유효한 신호다. 바로 이런 연구들을 통해 치매, 뇌졸중, 뇌 손상으로 인한 기억상실을 앓는 환자들이 혜택을 입을 수 있을 것이다.

하지만 아직 갈 길이 멀다. 현재는 기억 강화만 가능할 뿐 새로운 기억을 만들지는 못하며 이 일을 이루기까지는 많은 시간이 흘러야 할 것이다. 그래도 잠재적인 미래의 가능성은 꽤나 마음을 설레게 한다. 결국 언젠가 우리는 기술로 허구의 기억이든 실제 기억이든 새로운 기억을 만들어내게 될 것이고, 그로써 이야기와 영화를 더욱 생생하게 만들거나 질병이나 인지 쇠퇴의 결과로 상실된 기억을 되찾게 될 것이다.

현재 태양 전지에 사용되는 것과 동일한 소재로 인공 눈을 만들기 위한 연구도 진행 중이다. 빛이 우리 눈에 닿으면 눈 뒤에 있는 망막을 자극한다. 망막은 빛에 민감한 수백만 개의 세포로 덮여 있으며 이 세포들이 빛을 신호로 바꾸어 시신경을 따라 뇌로 보낸다. 인공 눈 연구는 태양 전지에 사용하는 전도성을 띄고 빛에 민감한 물질인 페로브스카이트를 사용하면 망막을 따라 자리한 세포들을 흉내 낼 수 있는 아주 작은 나노 전선을 만들 수 있다는 생각에 기반한다. 정말로 매력적인 점은 페로브스카이트 전선이 극도로 가늘기 때문에 이 인공 망막 세포의 밀도가 엄청나게, 심지어 진짜 사람 망막보다 더 높다는 점이다. 인공 망막은 아직 더 정교하게 개발되는 중이지만, 머지않아 이 기술을 사용할 수 있게 될 것이다.

짚고 넘어가야 할 것들

지금은 이상하거나 터무니없게 들릴지 몰라도 뇌과학은 정말로 우리의 미래를 바꿀 것이다. 나노미터 단위의 합성 소재가 뇌 화학물질의 분비를 자극하여 우리 뇌의 신경 발생(새 뉴런의 성장)을 촉진할 수 있다고 상상해보라. 특정 뉴런에만 작용하도록 프로그램된 소재를 우리가 원하는 뇌 영역에 주입하여, 그 뉴런만을 골라 작용하게 만드는 건 또 어떤가. 사람들이 자유롭게 움직일 수 있도록 척수의 뉴런이나 운동 뉴런을 성장시키거나, 시각피질의 뉴런을 성장시켜 특정 유형의 실명을 치료할 수도 있을 것이다.

단, 이 모든 일을 하려면 총체적이고도 전면적인 윤리적 고려가 반드시 필요하다. 방금 우리가 그려본 미래가 인류를 더 발전한 단계로 도약시킬 것은 분명하지만, 우리가 DNA를 수정하고 건강을 개선하며 정신력을 강화화는 일을 **할 수 있다**고 해서 그런 일을 꼭 **해야 하는** 것은 아니다. 배아를 생각해보라. 아직 사람이 되기 전인, 둥둥 떠다니면서 자기 할 일을 하고 있는 물렁물렁한 작은 세포 뭉치를 말이다. 우리는 배아가 발달하기 전에 개입하여 그냥 두면 불가피하게 생길 질병을 미연에 예방할 수도 있겠지만, 분명한 건 우리가 이 미래의 사람에게서 동의를 얻지는 못한다는 점이다. 일찌감치 손을 쓰는 일은 인생에 큰 영향을 미칠 문제를 예방하는 데 중점을 둔 것일 테지만, 한 사람이 지닌 여러 측면을 변화시킬 힘까지 함께 지니고 있음을 간과해서는 안된다. 그건 마치 일종의 메뉴판에서 자녀가 어떤 사람이기를 혹은 어떻게 발달하기를 혹은 어떤 모습이기를 고를 수 있는 것과도 같다.

과학이 질병 예방을 위해 유전자를 수정할 수 있다면, 성격을 바꾸기 위해서도 유전자를 수정할 수 있는 것일까? 만약 선택할 수 있다면 여러분은 뛰어난 운동선수로 혹은 더 좋은 기억력을 갖고서 혹은 더 단호한 사람으로 태어나기로 결정하겠는가? 그런 선택이 정말로 가능해진다면, 여러분은 어느 시점에 동의하겠는가? 태어나지도 않은 아기에게 허락을 구하는 것은 영원히 불가능한 일이다. 아무리 이로운 결과를 위한 것이라 해도 그 선택이 태아가 전혀 원하지 않을 변화라면?

기술 발전 덕분에 사람들은, 예컨대 학습 및 기억과 관련해 뇌가 다양한 상황에 어떻게 반응하는지 더 잘 이해할 수 있게 되었다. 그렇다면 기술 발전은 우리의 학습 방식을 어떻게 변화시킬까? 학교와 대학도 달라질까? 집중력 수준을 급우와 비교하기 위해 자신의 뇌 활동을 모니터링할 수 있다면 여러분은 그걸 원하겠는가? 만약 이런 것이 첨단 교육의 일상적 방식이 된다면, 과연 우리의 정신은 얼마나 안전할까? 우리 뇌의 내밀한 정보는 보호할 수 있을까? 혹시 누군가 의도적으로 우리의 뇌 활동을 변화시키면 어떡하지?

미래의 뇌과학은 우리에게 더 나은 삶을 살 수 있다는 밝은 전망을, 개선된 건강을, 또 자기 정신을 통제할 수 있다는 감각을 가져다줄 것이다. 우리는 미지의 것을 결코 두려워하지 말고 존중해야 한다. 그것이 우리 의식의 가장 깊은 수준을 건드릴 질문들을 가져올 테니 말이다.

그러나 우리가 이러한 미래로 발을 내디디려면 그 전에 앞서 던진 질문들에 먼저 답해야 할 것이다.

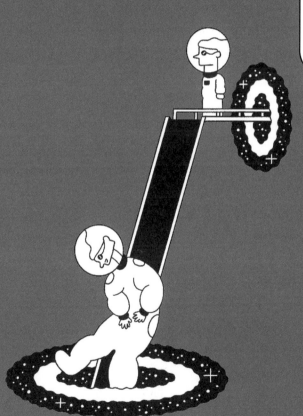

과학의 **4**

토끼굴 속으로

과학하는 삶

이렇게 뇌에 관한 전문적 지식을 갖게 된 지금, 그 지식으로 무엇을 할 수 있을까? 관심을 돋우거나 호기심을 불러일으키는 어떤 개념에 관해 읽었다면, 이제 그 관심과 호기심을 더 펼쳐나갈 몇 가지 방법을 살펴볼 차례다. 이 장에서는 과학이 어떻게 우리 삶의 모든 부분에 스며 있는지, 과학으로 더 깊이 파고드는 일이 얼마나 쉬운지를 알아볼 것이다. 여러분이 어느 정도로 전문적인 수준을 원하는지와는 상관없이, 자연스럽게 솟아난 호기심을 실질적인 무언가로 바꿀 방법도 설명할 것이다.

과학적 배경지식을 갖추는 것이, 어쩌면 가장 노련한 과학자까지도 놀래킬 만한 더 큰 세계로 가는 문을 열어준다는 이야기를 할 것이다. 이 책을 재미있게 읽어서 여기서 한 발짝 더 나아가려면 무엇을 고려해야 하는지 알고 싶은 사람도 있을 것이다. 아니면 현재 과학자가 되는 교육 과정을 밟고 있을지도 모른다. 여러분만의 독특한 재능과 기술을 과학의 다양한 측면에 어떻게 쏟을 수 있는지 이야기해볼 이 장에는 이처럼 다양한 사람에게 적합한 내용이 고루 담겨 있다. 이 책이 여러분이 읽은 첫 과학책이든 아니면 책으로 쌓은 여러분의 책탑 꼭대기에 놓여 있는 257번째 책이든, 나는 과학을 향한 여러분의 관심을 더 창의적이고 특이한 방식으로 활용하고 발전시킬 숨어 있는 방법 몇 가지를 알려주고 싶다.

지금까지 초점을 맞추었던 뇌과학의 핵심 주제들에서는 조금 벗어난 이야기일 수 있지만, 이제는 여러분도 뇌가 무슨 일을 하는지, 과학자들이 뇌를 어떻게 연구하는지 잘 이해하게 되었으니 이 책의 나머지 부분에서는 과학자들이 하는 또 다른 일들로는 어떤 것이 있는지도 이야기하고 싶다. 과학이라는 야수에게는 전혀 다른 면도 존재한다. 물론 프랑켄슈타인 소설에 나올 것 같은 다음번 괴물을 창조하기 위해 실험실에서 실험복을 입고 실험하는 너드들도 있다. 그런데 그 괴물이 정말로 창조된다면 어떤 일이 일어날까? 그 괴물은 어떻게 일상의 삶에 융합될까? 달리 표현하자면 사회의 톱니바퀴가 계속 돌아가도록 도울 수 있는 과학자의 직업으로는 어떤

게 있을까? 임상 시험부터 새로운 혁명적 제품을 만들어 특허
를 신청하는 일, 그것을 필요한 사람들에게 판매하는 일, 혹은
텔레비전에 출연해 그 제품에 관해 이야기하는 일 등이 있다.
관심이 동하는가? 그렇다면 잘됐다! 왜냐하면 이제 우리는 그
모든 것이 무엇을 의미하는지, 과학적 지식이 어떻게 인생에
또 다른 층위의 활기를 더해주는지를 알아볼 테니까 말이다.

과학자는 아니지만 과학을 더 알고 싶다면

이 섹션에서는 여러분이 새로 알게 된 뇌에 관한 지식을 계속 키워나갈 방법에 관해 이야기해보려 한다. 지금까지 배운 것을 확장하여 더욱 흥미진진한 과학이 숨어 있는 토끼굴 속으로 계속 들어가보는 방법 말이다. 더 배우기 위해 꼭 과학적 배경지식이 필요한 건 아니다. 더 배울 방법은 수없이 많으니까. 비결은 무엇이 가장 관심을 끄는지 찾아내는 것이다. 그건 사람마다 다를 것이고 각자 고유의 관심사가 있을 것이다. 희소한 뇌 질환일 수도 있고 뇌과학의 역사이거나 어쩌면 뇌과학의 미래일지도 모른다. 주말에 겨우 10분밖에 시간을 낼 수 없다고 해도 그 짧은 시간이 여러분의 머리를 확 깨워줄 흥미진진한 이야기를 발견하기에 충분할 수도 있다.

걱정하지 마시라! 갑자기 세계 최고의 과학자가 되겠다며 모든 걸 팽개치고 지하실에 실험실을 꾸리고 '신선한 뇌

구함'이라는 광고를 낼 필요는 없으니까. 그냥 특별히 관심을 느끼는 주제를 언제든 더 배우도록 도와줄 무료 자료의 세계에 접속만 하면 된다.

우선 세상에는 (이 책처럼) 여러분이 찾아볼 만한 매력적인 대중 과학서가 아주 많다. 서점에 가면 여러분의 새로운 열정에 불을 지필 책을 찾는 과정을 기쁜 마음으로 도와줄 서점원이 있을 것이고 도서관은 더 말할 필요도 없다. 공짜로 자료를 구할 수 있는 건 물론이고 현재 가장 인기 있는 책을 찾도록 도와줄 열정적인 사서가 있다. 정말 대단하지 않은가? 나의 웹사이트에도 뇌과학, 자기계발, 긍정성, 과학 하는 여성에 관한 떠오르는 신간 들과 이미 양서로 증명된 책 목록을 정리해둔 페이지가 있다. 물론 어느 서점에서나 도움을 받을 수 있지만, 아마존에서 베스트셀러 리스트에 오른 책은 보통 그 인기에 걸맞은 내용을 보여주며 그중에서 여러분과 비슷한 입장의 사람들이 남긴 서평을 보면서 좋은 평가를 받은 책을 고를 수도 있다.

책을 더 사고 싶은 마음은 없다면 시간이 날 때 팟캐스트를 들어보는 것도 좋다. 팟캐스트는 주제가 다양하고 이용하기 편리해서 점점 더 인기가 높아지고 있다. 출퇴근 시간이나 상점에 가거나 운동하러 갈 때 등 이동하며 들을 수 있어서 특히 더 유용하다. 가장 좋은 건 어마어마하게 많은 팟캐스트 가운데 자신이 가진 관심사와 과학적 배경지식에 잘 맞는 것을 골라 들을 수 있다는 점이다. 말 그대로 여러분이 원하는 무엇이든 찾을 수 있다. 좋아하는 특정 분야를 다룬 책이 나와 있지 않은 경우라면 팟캐스트가 특히 더 유용하다. 내가 장담하는데, 진짜 아주 이상하고 특이한 팟캐스트들도 있으니 한번 시도해보시라. 실망하지 않을 것이다. 전체적으로 보면, 뇌가 하는 흥미로운 일들에 관한 기초적인 대화에서부터 분야를 이끄는 과학자들과의 진지하고 전문적인 인터뷰까지 모든 수준을 망라한다.

이뿐 아니라 좀 엉뚱한 제안처럼 들릴지도 모르지만 유튜브 영상도 지식을 얻을 수 있는 금광이다. 물론 과학 영상이라고 내걸고는 환각제를 복용하고 만든 듯한 부두교 의식이나 마법에 비할 만한 것들도 있기는 하다. 하지만 지식 수준이 어느 정도이든 상관없이 모든 사람에게 도움이 되도록 단순하게 설명하는 매우 탁월한 영상을 만드는 사람도 많다. 어떤 영상은 첨단 시뮬레이션 기술로 인체 내에서 일어나는 일, 뇌가 작동하는 방식, 약물이 작용하는 방식, 바이러스가 우리를 어떻게 죽이는지 등을 시각적으로 그려볼 수 있게 해준다. 이런 시뮬레이션 영상을 보면 우리가 현실에서는 절대 볼 수 있는 시점에서 상황을 파악할 수 있다. 놀랄 각오를 단단히 하고서 '세포의 내적인 삶the inner life of the cell'을 검색해보시라.

또한 요즘 각종 분야에서 속속 등장하고 있는 최신 연구들을 단순하게 설명해주겠다는 오직 한 가지 목적만으로 만들어진 웹사이트들도 있다. 정말 대단하다! 최근 발표된 것 중 가장 흥미진진한 연구들을 찾아내 단계별로 차근차근 안내해주기 때문이다. 여유 시간은 있지만 복잡한 과학 논문이라는 웅덩이에 직접 뛰어들고 싶지는 않은 이들이 정말 귀한 자료를 얻을 수 있는 곳이다. 풍덩 온몸을 담그는 대신 신선한 과학의 물줄기에 한 번에 1센티미터씩만 발가락을 담가볼 수 있다. '뇌과학뉴스닷컴neurosciencenews.com'이 좋은 출발점이 될 것이다.

학문적 관심을 더 파고들기에 아주 좋은 방법으로 무료 온라인 강의도 있다. 글자 그대로 수천 가지 강의가 존재하기 때문에 언제든 자기에게 완벽하게 들어맞는 주제의 강좌를 찾을 수 있다. 대학에서 가르치는 정규 교육은 정해진 틀과 프로그램으로 운영되므로 다른 강의들에 비해 더 재미없게 느껴지거나 여러분의 개인적 경력과는 관계가 없거나 불필요하다고 느껴질 만한 면들이 있다.

바로 이 지점에서 온라인 강의의 특별한 강점이 드러난다. 물론 이는 어떤 주제에 관한 전반적인 개념을 전달하는 것을 목적으로 한 일반적인 입문 강의이므로, 일단 들어보고 그 주제가 흥미롭거나 유익한지 판단할 수 있다. 또 한편으로는 코딩부터 요리까지 그 어떤 주제에 대해서든 매우 구체적인 강의들도 찾을 수 있다. 이는 여러분이 어떤 주제에 관해 좀 더 알고 싶을 때, 혹은 자녀가 배우고 있는 주제를 여러분도 함께 알아보고 아이와 경험을 공유하면서 아이를 격려해주고 싶을 때도 아주 좋다.

온라인 강의는 또 오전 9시부터 오후 5시까지 직장에 묶여 있거나 일이나 가족에 대한 의무 때문에 시간이 부족한 사람에게도 유용하다. 무료 강좌는 몇 주짜리부터 여러 달 계속되는 것까지 다양하며, 직업적 발전에도 도움이 된다. 훌륭한 온라인 학습 제공자인 코세라^{Coursera} 웹사이트에서 진행한 설문조사에 따르면 직업적 발전을 위한 온라인 강좌를 들은 사람 중 87퍼센트가 현재 직장에서 임금 상승이나 승진에 도움이 된다고 답했다.

수천 가지 무료 강의도 있지만, 학위를 받을 수 있는 강의는 비용이 좀 든다. 어떤 강의냐에 따라 다르겠지만, 그래도 전통적인 대학교 등록금보다는 훨씬 저렴하며 대학 강의에 버금가는 가치를 제공해준다. 이런 강의들이 저렴한 이유는 강의의 질이 낮아서가 아니라 비용을 낮추기 위해 개인 후원자나 자선단체, 광고 등의 보조를 받기 때문이다.

그렇다면 이런 강의들은 어디서 찾을 수 있을까? 어른과 아이 모두를 위한, 컴퓨터 프로그래밍부터 과학까지 광범위한 강의를 제공하는 칸 아카데미Khan Academy가 있는데, 이곳에는 개인의 재정 관리처럼 흔히 간과되는 중요한 삶의 기술에 관한 강의도 있다.

5천 가지 이상의 강의를 제공하는 코세라도 큰 인기를 얻고 있다. 이곳은 스탠퍼드 대학교와 임페리얼 칼리지 런던 등 200여 대학과 구글 등의 기업과 협업하고 있으며 모든 강의 내용은 탁월한 수준을 자랑한다.

강의 제공자를 선택하지 못했다면, 온라인 강의에 관한 검색엔진과 비슷한 역할을 하는 클래스 센트럴Class Central이라는 웹사이트에서 도움을 받을 수 있다. 하버드 대학교와 매사

추세츠 공과대학 등 세계 최고 교육 기관의 강의를 포함해 어느 분야든 여러분이 관심을 느끼는 분야의 강의를 안내해줄 것이다. 더 멋진 점은 선택을 도와줄 다른 사용자들의 후기도 제공한다는 점이다. 내가 과학자로서 경력을 쌓는 데 가장 도움이 된 건 논문 쓰기 강의였는데, 클래스 센트럴에서 찾을 수 있는 이런 강의만도 3만 가지가 넘는다. 그야말로 모든 사람을 위한 웹사이트인 셈이다.

자기한테 맞는 강의 플랫폼을 찾는 데 출발점이 필요하다면, 내 웹사이트를 한번 방문해보길 바란다. 지금까지 언급했던 모든 것의 목록과 추천 항목을 정리해 올려두었다.

※

과학자가 되고 싶은 이들을 위한 조언

이번 섹션에서는 더 깊은 과학 지식의 세계로 한 걸음 더 들어가는 방법과 비밀을 알려주고자 한다. 이 내용은 과학을 전공하는 학생과 과학계에서 경력을 쌓고자 하는 모든 사람, 아니면 재미를 느끼는 주제에 관해 더 깊이 배우고 싶은 모든 사람에게 두루 유용할 것이다. 자신이 선택한 분야에서 전문가가 되기까지 공부해야 할 그 모든 세월을 생각하면 버겁게 느껴질 수도 있지만, 꼭 그렇게 생각할 필요는 없다! 우선 모든 과학자가 처음부터 알고 시작하는 것이 좋은 몇 가지를 함께 살펴볼 것이다.

이는 이 책을 읽고 있는 모든 독자에게도 적용되는데, 가장 중요한 건 **자신의 흥미를 자극하는 것을 찾는 일**이다. 쉬운 일처럼 들리겠지만 사실 그렇지 않다. 왜냐하면 과학은, 뇌과학조차도 여러 다양한 분야를 포함하고 있기 때문이다. 제일 좋은 방법은 다양한 주제에 관해 읽고 다큐멘터리를 보고 사람들을 만나고 팟캐스트를 듣거나 과학 논문 한두 편을 찾아 읽어보면서 여러분이 즐겁게 읽고 배울 수 있는 게 무엇인지 파악해보는 것이다. 가능한 한 많은 가능성에 자신을 노출시켜보는 것만이 자신에게 가장 큰 기쁨을 안겨주는 것을 만날 수 있는 방법이다. 대개 이런 발견도 곧바로 이루어지는 것은 아니며 몇 년이 걸릴 수도 있지만, 어쨌든 그런 관심사를 발견하려면 다양한 아이디어들을 시도해보는 방법밖에 없다. 어쩌면 그것은 심리학(정신은 어떻게 작동하는가)일 수도 있고 (암, 신경 퇴행, 희소 질환 등) 질병 연구이거나 생의학 기술(말 그대로 미래의 의료 장비를 여러분이 만들어낼지도 모른다)일 수도 있다. 여러분이 즐기며 할 수 있는 일이 무엇이든, 그것이 그냥 취미에 지나지 않는다고 해도 추구해볼 만한 일이다.

이 과정이 꼭 직선을 따라가듯 이뤄지는 건 아니다. 흥미 있게 배울 수 있는 분야를 발견했다가도 나중에 마음이 바뀔 수도 있다. 그래도 문제 될 것은 전혀 없다. 그냥 다시 찾기 시작하면 된다. 한 가지는 확실하다. 여러분의 미래 전체를 지금 당장 결정할 필요는 없다는 것이다. 그냥 여러분이 열정을 느끼는 것을 찾기만 하면 된다! 그런 다음에는 그 열정이 이끄는 토끼굴로 따라 들어가는 것이다.

어느 단계이든 나이가 몇 살이든 여러분이 과학을 공부하고 있다면, 질문을 던져라. 강사에게 말을 걸고 그 분야에서 일하는 사람에게 이메일을 보내고 여러분이 일하고 싶은 곳에서 일하는 사람에게서 조언을 구하라. 이들은 그 경력을 따라가는 일의 현실이 어떠한지, 여러분의 가능성이 여러분을 어디로 데려갈지를 안내해줄 수 있는 사람들이다. 이는 사람들 간의 네트워크(과학계 안에서 이는 너무나도 중요하다)를 만들려 할 때도 도움이 된다. 광범위하고 다양한 역할을 지닌 네트워크는 여러분에게 없어서는 안 될 통찰과 연결을 제공해줄 수 있다.

또 하나의 팁을 주자면, 현재 어떤 연구가 진행되고 있는지를 살펴보는 것은 언제나 가치 있는 일이다. 현재를 이끌고 있는 흥미로운 새 트렌드는 무엇인가? 누군가 암을 완전히 정복했는가? 우리가 마침내 생각만으로 호버보드를 조종할 수 있게 되었는가? 농담이 아니라, 실제로 나는 매주 적어도 두 번씩은 이 점을 확인해본다.

여러분이 좋아하는 분야에서 일어난 과학적 발견을 더 많이 알아낼 수 있는 아주 좋은 방법 하나는, 분야의 트렌드와 '최신 핫 토픽' 뉴스를 구글 알리미에 등록해두는 것이다. 수면이나 꿈처럼 한 가지 주제만 설정할 수도 있고 더 광범위하게 '뇌과학' 또는 '뇌 연구'에 대한 알림을 받아볼 수도 있다. 논문을 출판하는 개별 학술지에서도 여러분이 관심 있는 분야의 연구에 맞춰 알림을 받도록 설정할 수 있다. 사실 이는 꼭 과학만이 아니라 여러분이 호기심을 느끼는 모든 분야에 쓸 수 있는 방법이다.

마지막으로 여러분이 과학자가 되고 싶다면, 혹은 자신이 열정을 느끼는 분야에서 일하고 싶다면, 그 분야에서 경험을 쌓는 것이 실제적으로 도움이 된다. 이는 너무 당연한 일인 동시에 불가능한 일이라고 느껴질지도 모른다. 최초의 경험을 얻는 일 자체가 하나의 장애물을 뛰어넘는 일이니 말이다. 하지만 그런 경험은 과학자인 여러분의 가치를 더 높여줄 뿐 아니라 자신이 정말로 좋아하는 일과 전혀 좋아하지 않는 일이 무엇인지 알아볼 기회도 제공한다.

여름 인턴십이나 단기 실험실 워크숍은 경험을 쌓을 수 있는 정말 멋진 기회로, 경험이 아직 많지 않고 더 많은 경험을 추구하는 신참 과학자들을 위해 만들어진 과정이다. 중고등학생이나 대학생도 여기 지원하여 환상적인 경험을 할 수 있다. 나도 몇 번 그런 과정에 참여해보았는데, 그때 유럽 곳곳의 연구소들을 방문할 기회를 얻었다.

왕립생물학회Royal Society of Biology는 영국에 기반을 둔 자선단체로 생물학 교육, 연구, 진로 개발에 참여한다. 그곳의 여름 채용 프로그램은 과학자들에게 제약업계 및 선도적 연구기관 등 다양한 유형의 연구소에서 일할 기회와 경험과 과학에 대한 자신감을 쌓을 수 있는 훌륭한 경로를 제공한다.

영국 리버풀에 있는 바이오그래드Biograd라는 기관에서는 모든 수준의 학생을 위한 강좌를 개설하고 있으며 소그룹에 더 많은 강사를 배정하여 더욱 개인화되고 효율적인 경험을 제공하려 노력하고 있다. 잠시 구글만 검색해봐도 이 외의 더 많은 기관을 발견할 수 있는데, 여러분이 영국에 있지 않더라도 걱정할 것은 없다. 각 나라마다 그런 기관이 잘 마련되어 있기 때문이다. 미국에서는 집피아닷컴Zippia.com이 인턴십을 찾기 좋은 도구인데, 이 웹사이트에서는 범주와 지역에 따라 다양한 기회들을 찾아볼 수 있어서 자신에게 딱 맞는 기회를 구체적으로 추려내기에 좋다.

경험을 얻는 좀 더 부담 없는 방법은 '파인트 오브 사이언스Pint of Science' 같은 네트워킹 행사에 참석하는 것이다. 파인트 오브 사이언스는 연구자들이 모여 자신들의 발견을 공유하는 세계적인 과학 축제로, 형식에 얽매이지 않는 환경에서 사람들을 만나 이야기를 나누기에 아주 멋진 기회이다. 전문가여야만 참여할 수 있는 게 아니고 누구에게나 열려 있다. 이런 행사들이 중요한 이유는 과학계에서 경험을 쌓기 위해서는 네트워크를 만들고 자기 이름을 알려야 하기 때문이고, 이는 아무리 강조해도 부족하다. 다른 건 몰라도 이런 행사에 참가하면 다른 과학자들과 대화를 나누는 방법을 익힐 수 있으며, 최소한 그들과 가벼운 잡담을 나눌 수 있는 자신감도 커진다. (잡담을 나눌 기회는 생각보다 더 잦다.)

내가 과학자의 경력을 걸으며 목격한바, 연구 기관들은 엄청나게 많은 여러 기회를 제공한다. 범위는 정규직부터 인턴십까지, 거기다 한 주 정도 일할 수 있는 기회도 포함된다. 마음을 먹고 처음 연락을 취하는 일이 가장 어려운데, 사실 필요 이상으로 버겁게 느끼는 것일 수도 있다.

내가 처음에 어떻게 시작했는지 조금 이야기해볼까 한다. 나는 (석사 학위 과정을 밟던) 대학교에서 한 선생님에게 연락해 이야기를 나누면서 연구의 길로 들어섰다. 연락하고 한 주 뒤에 그 선생님을 만났을 때 나는 교과서에서 배운 지식을 실제 연구에 적용하고 싶다는 바람을 이야기했다. 나는 연구실에서 일하고 싶었다. 유일한 문제는 당시 내가 연구실에서 하는 일이 무엇인지 전혀 몰랐다는 것이다. 언젠가 환자들에게서 채취한 표본이 수천 개씩 쏟아져 들어오는 어느 병원의 연구실에서 표본 분석을 돕는 일을 한 경험은 있었다. 하지만 연구라니? 그러니까 내 말은, 연구란 **무엇**이며 그 일은 **어디에서** 일어나며 보이지 않는 곳에서 일하는 그 신비로운 연구자들은 다 누구인 걸까?

그때의 경험은 내가 얼마나 눈치가 없었는지를 일깨워주는 일이었다. 그로부터 일 년쯤 지나고 나서야 나는 우리가 대화를 나눈 그 장소가 실제로 그 선생님이 (동결된 척수를 얇은 절편으로 저미며) **연구를 수행하고** 있던 연구실이었다는 것을 깨달았다. 당시 나는 그런 사실을 전혀 알지 못했다. 그 선생님이 실험복 옷자락으로 내 얼굴을 찰싹 쳤더라도 나는 눈치채지 못했을 것이다!

하지만 그 만남은 충분히 가치 있는 일이었다. 선생님은 앞으로 과학에 기여하고 싶다는 내 말에 귀를 기울여주었다. 그런 다음 내게 도움을 주기 위해 그 대학의 다른 선생님의 연락처를 알려주었다. 내가 걷고 싶었던 것과 유사한 궤도의 경력을 닦고 있던 분이었다.

　나는 그 선생님에게 연락했다. 이후 이야기를 요약하자면 나는 이 두 번째 선생님과 함께 어떤 연구 프로젝트를 진행했고 결국에는 그 분의 연구실에서 박사학위를 받고 너드 과학자의 운명을 굳혔다. 내 꿈이 이뤄진 것이다! 이 이야기의 요점은 여러분에게 어떤 방향을 안내해줄 만한 사람에게 연락해보는 것은 잃을 게 하나도 없는 일이라는 것이다. 그들이 직접 여러분을 돕진 못하더라도 도울 만한 다른 누군가를 알고 있을 수 있다. 과학계에서 네크워크를 형성하는 일이 그토록 중요한 이유다. 따지고 보면 과학자들이 자기 일에 관해 이야기를 나눌 수 있는 사람은 생각만큼 그리 많지 않다(대개는 다른 과학자와 이야기하는 게 거의 다다). 그러니 질문을 하고 관심을 보이는 것만으로도 여러분은 그들에게 즐거움을 안겨주고 여러분의 관계망을 확장하는 셈이다.

✴

과학자가 할 수 있는 일들

전통적으로 과학자가 갈 수 있는 경로는 학계(대학)와 연구자의 길을 걷는 것이다. 보통 이는 박사과정까지 공부를 하고 몇 년 동안 대학 연구소에서 연구한 후 강사가 되고 결국에는 교수가 되는 것을 의미한다. 하지만 수년 전부터 종신 재직권에 도전할 수 있는 자리가 꾸준히 줄어들고 있고, 어찌어찌 대학에서 교직을 얻은 사람들의 고용 안정성도 줄어들고 있다. 그래서인지 신참 과학자들은 과학계에서 일할 수 있는 다른 방법을 찾기 위해 노력하고 있다. 학계는 과학자의 경력을 다져가기에 좋은 길일 수 있지만, 여러 위험이 숨어 있기도 하므로 모든 사람이 도전할 수 있는 일은 아니다.

학계로 들어간 과학자 중 약 절반은 5년 정도만 거기 머무는데, 대학 교직원으로 옮겨가기 전 연구실에서 맡을 수 있는 한 가지 직책의 임기가 대개 그 정도이기 때문이다. 많은 과학자가 연구실이라는 자연 서식지에서 모험적으로 벗어나고 있으므로, 그 바깥에 있는 몇 가지 가능성에 관해 이야기해보는 것도 좋을 것 같다. 그중에는 우리가 예상하지 못한 가능성도 다수 포함된다.

최근에 과학 학위를 받은 졸업생이라면 최종적으로 자기에게 가장 적합한 진로를 찾기 위해, 범위를 넓히고 열린 마음으로 모든 직책과 교육과 경험을 고려해볼 필요가 있다. 이 단계에서는, 특히 학생이라면 자신이 정확히 어떤 방식으로 과학계에 기여하고 싶은지 확신이 서지 않는 것이 지극히 당연하다. 하지만 나중에 그 길을 더 전문적으로 밟으리라는 가능성을 염두에 두고 자기 마음에 드는 여러 역할을 시도해보기에 아주 좋은 시기이기도 하다.

미국 노동통계국은 STEM(과학, 기술, 공학, 수학) 분야의 일자리가 앞으로 10년 동안 13퍼센트 증가할 것으로 추산했다. 가장 높은 성장률을 보일 분야는 소프트웨어 개발 같은 IT 기반 분야로 예상되는데, 그 분야의 예상 성장률은 거의 30퍼센트에 달한다. 그렇다면 실험복과 실험대에서 벗어난 비전통적 경로로 간다면, 우리가 선택할 수 있는 것들로는 무엇이 있을까?

나는 과학이라는 배경을 가진 사람이 성취할 수 있는 가장 독특하고 흥미진진한 역할 몇 가지를 찾으며 시간을 보냈다. 학부를 갓 졸업하고 대학원 진학을 선택했든, 아니면 이미 박사학위를 받았고 연구 경험도 충분하다고 판단해서 뭔가 좀 다른 일을 시도해보려는 박사 후 연구원이든, 모든 직위를 연결하는 무엇보다 중요한 요소는 비범한 직업적 경로로도 옮겨갈 수 있는 기술이다. 달리 표현하자면, 여러분은 지식을 재빨리 흡수하는 데 능하거나 언제라도 어려움 없이 많은 사람 앞에서 말할 수 있는 사람인가? 혹시 규모가 큰 다학제 연구팀에서 일하면서 혼자서 이룰 수 있는 것보다 더 커다란 뭔가를 만들어내기 위해 협력하는 일을 좋아하는가?

과학자든 아니든 누구나 자기만의 독특하고 가치 있는 기술을 갖고 있다. 중요한 건 자신을 위대하게 만드는 일을 찾고 거기에 약간의 창의성을 더해 기쁨을 느낄 수 있는 일에 매진하는 것이다. 앞에서 말한 온라인 강의들은 다른 학문 분야와의 협업 능력을 강화할 수 있는 추가적인 기술을 배울 수 있는, 그럼으로써 여러분의 매력을 더 키워줄 수 있는 아주 좋은 수단이다. 그렇다면 연구실에 있지 않은 그 모든 과학자는 다 어디에 있는 것일까?

과학 커뮤니케이터

사람들에게 이해시키고 전달해야 할 과학 내용은 아주 많고 누군가는 그 모든 걸 설명해야 한다. 바로 이런 일을 하는 사람이 과학 커뮤니케이터다. 이 일은 여러분이 어떤 일에 뛰어난지, 어떻게 일하고 싶은지에 따라 다양한 형식과 스타일을 취할 수 있다. 이렇게 표현해보자. 작은 집단에서 일하며 너무나도 흥미진진하고 지구를 뒤흔들 정도의 연구 결과를 상사에게만 보고하는 것이 너무 따분한가? 과학자들이 꼭 사교적 상황을 어색해하는 인간 백과사전일 필요는 없지 않나? 과학 커뮤니케이터들은 과학자들과 과학자가 아닌 사람들 사이에서, 과학계에서 벌어지고 있는 일을 설명해주는 다리 역할을 할 수 있다.

이 일을 하는 전통적인 방식은 바로 교육이다. 대학교에서든 전문대학에서든 고등학교에서든 말이다. STEM 과목을 가르치는 직업은 15퍼센트 성장이 예상되어 더 많은 교육자가 필요한 강세 분야다. 미국 정부는 최근 교사의 훈련과 채용을 포함하여 STEM 교육 분야에 5억 4천만 달러라는 엄청난 액수를 투자했다.[120] 대학에서 교편을 잡으려면 박사 수준의 경험이 필요하겠지만, 중고등학교와 전문대학에서는 석사나 학사 학위면 된다. 또 자신이 특히 좋아하는 전문 분야에서 특화된 개인 교사로 학생들이 각자의 과학 여정을 시작하도록 도울 수도 있다.

하지만 과학 커뮤니케이션은 교육보다 훨씬 많은 것을 포괄하고 있다. 과학 저술가가 된다면 자기 개인 컴퓨터로 편안하게 개념들을 소개할 새로운 문을 열 수도 있다. 글을 쓰는 일은 웹사이트와 잡지의 정규 필진과 저널리스트, 프리랜서 작가까지 포함해 매우 다양하다. 가능성의 폭은 매우 넓지만, 가장 유망한 정규 필진 자리는 경쟁이 매우 심하다. 이 부문은 성장이 느리고 따라서 빈 자리가 나오는 속도도 느린데, 앞으로 10년 동안 2퍼센트 축소될 것으로 예상된다. 좋은 소식은 대개 추가적인 훈련이나 공부가 필요하지 않다는 점이지만, 그래도 글을 쓴 경험이 많을수록 좋다.

과학 글쓰기는 전통적인 경로에 들어맞을 필요도 없다. 일반 대중과 미래의 투자자들에게 자신이 하려는 일을 설명해야 하는 생명공학 기업이나 대중에게 공중보건 및 복지 계획을 알려야 하는 의료 서비스 기관을 생각해보자. 만약 여러분이 약학에 관심이 있다면, 다양한 질병과 치료 전략에 관한 지식을 지닌 작가를 구하는 의학 커뮤니케이션 기관에서 일할 수도 있다. 과학 분야의 자선단체나 기관은 언제나 대중에게 자신들의 이야기를 들려주고 싶어 하고, 이는 곧 이런 곳에서 과학 커뮤니케이터로 일할 기회가 존재한다는 뜻이다.

오픈 노트북Open Notebook은 STEM을 주제로 더 능숙한 글을 쓸 수 있도록 돕는 도구와 자원을 제공하는 비영리 과학 저널리즘 단체로, 글쓰기에 자신감을 쌓고 능력을 갈고닦기에 좋은 곳이다. 과학 커뮤니케이션을 이야기할 때 제일 먼저 떠오르는 일은 아닐지 모르지만, 내가 추천하는 목록에는 진열과 전시회 개최부터 수집물 관리까지 포괄하는 과학박물관의 일자리도 포함된다. 도전해볼 수 있는 박물관 일자리의 유형은 자료 관리인부터 박물관 전문기술자까지 다양한데, 엄밀한 조사와 커뮤니케이션 능력을 활용하여 거대한 규모의 아이디어를 대중 앞에서 표현하는 일이나, 귀중한 데이터를 보관하고 보존하는 창의적인 방법을 생각해내는 일을 좋아하는 사람에게 이상적인 직업일 것이다.

보통 학사나 석사 학위가 필요할 것이기에 관련 훈련 프로그램이나 자원 활동으로 경험을 쌓아두기를 권한다. 그 경험은 헛되지 않을 것이다. 미국 노동통계국은 점점 더 많은 수의 전문가를 필요로 하는 이 산업이 매년 11퍼센트씩 가파르게 성장할 것이라 예상하고 있으니 관심이 있다면 지금이 시도해볼 적기다.

과학이라는 사업

그렇다면 실험복은 벗어서 걸어두고 말쑥한 정장에 머리는 미끈하게 빗어 넘기고 싶은 사람은 어떻게 할까? 좋든 싫든 과학은 거대한 사업이다. 아무리 인류의 진보와 질병 치료라는 순수하기 그지없는 의도를 품었다고 해도 그런 일이 많은 돈을 벌 가능성과 얽혀 있다는 점은 부인할 수 없는 현실이다. 물론 정말로 많은 돈을 벌려면 높은 압박감을 감당해야 하지만 그만큼 스릴도 넘친다. 과학과 사업이 아주 좋은 짝이라는 사실에 확신이 필요하다면, 인텔의 창업자로 120억 달러 자산가가 된 고든 무어Gordon Moore를 생각해보라. 그는 화학을 공부해 박사가 된 후 사업과 공학에서 큰 성공을 거뒀다.

실험대를 벗어나서 선택할 수 있는 또 다른 유형의 직업으로는 제약회사나 생명공학 회사, 컨설팅 회사 등에서 과학 지식을 활용해 사업 동향을 분석하는 일이 있다. 사업 분석 업무는 보통 다양한 팀과 협력하여 시장 데이터를 활용해 최선의 결과를 뽑아내는 일이다. 과학자들이 이 업계에서 가치를 인정받는 이유는 그들이 새로운 데이터를 신속히 평가하고 그 의미를 해석해낼 수 있기 때문이다. 어쩌면 이미 여러분은 연구 논문에서 본 것이든 스스로 얻은 것이든 중요한 데이터 세트를 분석해본 경험이 있을지도 모른다. 그것은 자주 간과되고 때로는 과소 평가되는 기술이지만 연구소 밖에서 잘 활용할 수도 있다.

언젠가 나는 과학적 이해를 활용하여 새로운 약물의 시장 잠재력을 평가하는 사람을 만난 적이 있다. 회사는 그의 피드백과 평가를 바탕으로 수백만 달러를 투자한다. 스트레스가 심한 역할이지만 그는 과학에 가까이 머물면서 자기 회사를 위한 중요한 결정을 내릴 수 있는 그 일을 좋아했다. 이런 업종에서는 경제와 경영까지 더 공부하면 더 큰 이점이 있긴 하지만 대체로 필수적인 것은 아니다.

사업의 또 한 측면에는 영업이 있다. 그러니까 새로운 첨단 기기나 약물에 관해 그것을 살 사람에게 설명해줄 사람이 있어야 하지 않겠는가. 영업은 여러 곳을 돌아다니며 새로운 사람을 만나는 일을 좋아하는 사교적인 사람에게 더 적합하다(얼굴맹이 있는 사람에게 이상적인 직업은 아니겠다). 과학 분야의 영업 직책에서 흥미로운 점은, 전형적으로 곳곳을 찾아 다니

며 영업하는 방식을 쓰지는 않는다는 것이다. 일반적으로 이
들은 큰 콘퍼런스나 대학 연구실, 생명공학 기업을 찾아 다니
면서 경험을 쌓는다.

　과학 분야의 다른 어떤 직업도 마찬가지지만, 만약 여러
분이 가치관을 믿고 공유할 수 있는 회사를 선택했다면(의약품
영업 분야에서는 이 점이 좀 민감한 측면일 수 있다는 건 나도 인정한다),
다른 연구 기관들의 과학적 탐구를 진심으로 도울 수도 있을
것이다. 이런 직책에는 대체로 영업 경험이 요구되지만, 어쨌
든 그런 일자리를 얻을 수만 있다면 굉장한 기회도 따라온다.
업무 시간, 자율성, 일정이 유연해서 일과 삶의 균형을 이루기
에 적합하다는 점이 이 역할에서 높이 평가받는 특징들이니
선택할 가치가 있을 것이다.[121]

과학 행정

　과학자가 모두 실험복에 뻗친 머리로만 사는 건 아니다.
다음번 거대한 돌파구를 만들려면 어떤 연구에 자금을 지원
할지 결정할 누군가가 있어야 한다.

　대부분의 연구는 자선단체, 연구 기관, 국가기관, 또는 개
인 투자자에게서 지원받은 자금으로 진행되는데, 이때 어디

에 돈을 지원할지 결정하는 데 도움을 주는 사람들이 있다. 게다가 그 돈의 규모는 **어마어마하다**. 예컨대 영국은 앞으로 5년 동안 STEM 분야 연구 개발비 지출을 15퍼센트 늘릴 계획이며 2019년에 미국 정부가 같은 분야에 지원한 총액은 무려 1,510억 달러에 달했는데 이는 2018년보다 6퍼센트 증가한 액수다.[122]

어마어마한 액수의 돈을 쓰는 일의 집행을 결정하는 업무는 스트레스가 심한 일을 특히 잘 처리하는 사람에게 매력적으로 느껴질 테지만, 자금 지원 기관에서 최상위 직급에 오르기까지는 시간이 꽤 걸릴 수 있다. 이들은 방대한 과학적 지식을 갖고 있을 가능성이 크고 그 지식을 활용해 연구의 질과 미래에 미칠 영향을 평가한다. 이런 직책을 맡은 과학자들은 누가 자금을 지원받을지에 관한 의견을 제시하기 때문에 과학 발전을 돕고 미래 연구의 향방을 좌우하는 일에서 유의미한 영향력을 발휘할 수 있다. 그렇게 대단한 것 같아도 원하기만 한다면 대학 졸업생들에게도 이 경로를 선택할 기회는 있다.

자금 지원이 기초 연구에 돈을 넣는 일이라면, 임상 시험은 그 연구의 최종 단계에 해당한다. 신약 하나가 임상 시험에 성공해 환자에게 가닿기까지 들어가는 비용은 보통 10억 달러에 달한다.[123] 그러므로 임상 시험은 반드시 치료에 효과가 있고 안전하다는 강력한 증거를 제시하는 방식으로 진행되어야만 한다. 이 작업에는 규제 승인 단계에 필요한 산더미 같은 데이터와 문서 작업을 기록하고 꾸릴 한 팀의 사람들이 필요한데, 이는 데이터를 다루는 일에 관심이 있는 사람에게 이상적인 업무가 될 수 있다. 임상 시험 업무를 진행하는 과학자들은 연구의 또 다른 측면을 접하게 되며 연구실에서 보내는 그 모든 외로운 시간의 최종 결과가 종국에 이르게 되는 곳, 그러니까 누군가가 필요한 의학적 치료를 받도록 돕는 일을 목격할 수 있다.

그렇다면 이 모든 일을 뛰어넘어 과학 정책과 입법 분야에서 역할을 해보는 건 어떨까? 과학이 수행되는 방식이나 연구의 질 향상을 위한 전략적 계획을 수립하는 데 일조하는 것은 국가 차원에서 실질적인 차이를 만들어내는 일이다. 이런 역할을 하는 자리에서는 전체적으로 더 큰 그림을 개관할 수 있고 모든 톱니바퀴가 어떻게 맞물려 돌아가며 과학과 의학을 발전시키는지 지켜볼 수 있다.

정책 관련 직책 중 다수가 가장 총명하고 재능 있는 경력

초기 과학자들을 끌어들이기 위해 대학원생을 위한 프로그램을 제공한다. 정부와 보건 기관이 설계한 발전 계획은 전국 규모의 규칙을 설정한다. 이 역할을 하는 사람은 빠르게 변화하는 환경에서 과학자가 아닌 일반인들에게 개념을 알리고 설명할 수 있어야 하며 언제든 새롭고 다양한 주제를 배우고 숙지할 자세를 갖춰야 한다. 이 일은 스트레스 상황에서도 잘 관리하며 버틸 수 있고 정해진 일과와 업무 환경을 별로 좋아하지 않는 사람에게 이상적인 일일 수 있다. 대신 그들에게는 자신의 실력을 제대로 보여줄 기회가 주어진다.

와일드카드

이 장에서 이야기한 직업들을 통해 과학 연구가 연구실 밖에서 실제로 어떻게 적용되는지 알게 되고, 여러분이 어디서 시작하든 상관없이 과학계에 참여할 수 있는 몇 가지 아이디어를 얻었기를 바란다. 와일드카드라는 제목을 붙인 이번 글은 과학의 영향이 얼마나 널리 미치는지 알려주기 위해 썼다. 이 글이 전업 과학자가 되는 걸 원치 않는 사람에게, 여러 가지 기회를 열린 마음으로 대하고 좀 더 창의적으로 생각한다면 자신이 하는 일에 열정을 불태울 수 있는 길로 갈 수도 있음을 보여줄 수 있다면 좋겠다.

　사실 과학과 법률은 아주 좋은 협력 관계로 굴러간다. 약물, 실험 설계, 장비를 비롯하여 상상할 수 있는 거의 모든 것에 대한 특허 출원이 매일 같이 제출되며, 이는 잠재적으로 혁신적인 제품을 만든 사람이 그 권리를 공식적으로 보호받기 위함이다. 특허청은 지식재산을 법으로 확실히 보호하려 한다. 초보 단계에서는 법학 학위가 필수는 아니지만, 과학뿐 아니라 법에도 관심이 있는 사람이 법학 학위도 받는다면 이 분야의 경력을 앞으로 제대로 닦아나갈 수 있을 것이다.

　법률 회사들이 과학계의 새로운 분야에서 시장점유율을 확보하기 위해 STEM 분야의 졸업생들에게 손을 내미는 일이 많다는 점이 이 분야에 진입하는 데 도움이 된다. 법조계에서는 문제 해결 과정을 즐기며 시간을 체계적으로 사용하고 자신의 아이디어를 잘 전달하는 사람을 꾸준히 찾고 있다.

　게다가 이건 그저 서류 작성만 하는 일도 아니다. 법조계에는 과학적 협상과 라이센싱의 세부 사항들을 법률가에게 조언해주면서, 모든 당사자에게 그 연구의 가치와 법적 요건들을 이해시키는 과학자들이 있다. 비전통적인 과학 관련 직업의 다수에서 공통적으로 보이는 특징은 높은 수준의 커뮤니케이션 능력이다. 과학 기업에서 일하는 것도 예외는 아닌데, 이런 곳에서 일하는 경우에는 자신이 몸 담고 있는 분야에서 혁신적이고 선구적인 아이디어에 관한 논의가 벌어질 때 과학자들과 비과학자들 사이에서 말 그대로 통역을 하는 과학자가 있다.

와일드카드 목록에 올릴 수 있는 또 한 가지 직군은 의공학 분야다. 너무 빠른 변화 속도로 악명 높은 이 분야는 인공지능 의학, 나노 성형, 외과적 개입, 기술 소비재 등으로 최첨단 과학을 이끌고 있다. 이 분야에서 일하는 사람에게는 대개 공학이나 물리학 학위가 있는데, 신기술에 대한 이해를 도울 수 있는 모든 과학적 배경 지식은 큰 환영을 받는다. 지멘스 헬스케어, 존슨앤드존슨, GE 헬스케어 같은 거대 기업들이 활약하고 있지만, 이 분야는 기술 발전과 새로운 소비재 개발을 끊임없이 원하므로 과학자들을 필요로 하는 기업들의 수가 증가하는 추세다.

혹시 여러분은 언젠가 텔레비전이나 영화로 스타가 될 수 있다고 생각하며 과학의 여정을 시작하지는 않았는가? 이게 대부분의 사람에게는 좀 비현실적으로 느껴질 수 있다는 건 인정한다. 그래도 나는, 과학을 좋아하지만 전통적인 연구자와는 완전히 다른 방식으로 과학과 관계 맺고 싶은 사람에게 열려 있는 한 가지 가능성으로 이 영역을 탐색해보고 싶다. 아주 유명한 예 하나가 《행오버》 삼부작으로 잘 알려진 켄 정Ken Jeong이다. 의학 교육 과정을 완전히 마친 그는 나중에야 연기에 대한 열정을 발견했다(텔레비전 드라마에서도 의사를 **연기**하기는 하지만).

테크니컬 라이터나 컨설턴트처럼 과학자가 무대 뒤에서 활동할 기회도 있다. 이 분야는 다음 10년 동안 8퍼센트 성장이 예상되며 이는 곧 잠재적인 투자와 기회가 존재할 거라는 뜻이다. 교육 프로그램이나 드라마, 다큐멘터리를 위한 글쓰기나 컨설팅은 자신이 편안해하던 일에서 벗어나 익숙하지 않을 수도 있는 연구 영역에도 접근해야 하는 환경을 경험하게 해줄 것이다. 과학 커뮤니케이션과 엔터테인먼트를 좋아하는 사람에게 적합할 테지만, 미디어로 경력 변화를 꾀하는 초기에는 처음부터 큰 영향을 미칠 프로그램을 맡는다는 기대는 낮추는 것이 좋을 수도 있다. 그래도 어쨌든 재미있는 아이디어다.

이번 장에서 언급한 여러 직업적 경로가 특정 경험이나 관심 밖의 분야까지 더 공부하기를 요구하기는 하지만 그렇지 않은 일들도 많다. 비판적 사고, 근면성, 자신의 능력에 대한 자신감도 큰 가치를 지닌다. 어쨌든 우리 삶에 과학이 필요한 영역이 얼마나 많은지 알아보는 것은 흥미진진한 일이다. 자신이 하는 일을 훌륭히 수행하도록 도와주는 기술과 성격 특성은 그 모든 역할에서 중요하다. 그 기술과 특성은 과학 분야가 아닌 새로운 어떤 직업으로 노선을 바꾸더라도 그대로 가져갈 수 있으며, 여러분이 어떤 일을 하기로 결정하든 자신이 얼마나 귀한 존재인지를 기억하는 것은 언제나 가치 있는 일이다.

다른 건 몰라도 여러분은 언제든 뇌와 뇌과학에 관한 책 한 권은 쓸 수 있다.

과학 기술 공학 수학하는 5

요지들

✳

한계를 넘어서

마지막 장은 이 책에서 꼭 한 자리를 차지해야 할 주제를 다룬다. 나는 앞에 놓인 그 어떤 장애물에도 불구하고 자신이 하는 일에서 계속 탁월한 능력을 보이는 여성들에게서 영감을 받아 이 장을 넣기로 했다. 다음 글을 쓴 조디 버나드는 과학계에서 열심히 노력해 자신의 꿈을 이루었고 앞으로도 계속 대단한 일을 해낼 사람이다.

내가 이 장을 꼭 싣고 싶었던 까닭은, 그간 여성 친구 및 동료 들과 이야기를 나누며 그들이 과학계에서 여성으로서 직면해야 했던 고군분투를 듣고 수없이 놀랐던 경험 때문이다. 더 낮은 봉급부터 어처구니없는 소리를 들어야 했던 것, 고위 직급에서 여성 롤모델을 찾기 어려운 현실까지 잘 알려지지 않았으나 꼭 알아야 할 사안들이 많다.

많이 나아지기는 했지만 여성은 여전히 여러 고정관념에

부딪혀 삶의 모든 측면에서 고군분투하고 있으며, 과학계도 예외는 아니다. 나는 이 장이 논의를 촉발하거나 통찰을 제공하거나 한 번도 읽어본 적 없는 새로운 생각에 눈을 열어준다면 좋겠다.

결국 과학이란 질문을 던지는 일이다. 그것이야말로 모두가 할 수 있는 일의 한계를 넘어서서 배우고 개선하며 함께 확장해나가는 방법이다.

※

나는 런던에 사는 뇌과학자이고 여자다

나는 조디 버나드Jodi Barnard다. 런던에서 뇌과학을 공부하는 박사과정 학생으로, 접시에서 배양한 사람의 세포로 뉴런이 뇌 속 면역세포들과 상호작용하여 알츠하이머병 같은 질병에서 염증과 세포 사멸을 초래하는 방식을 연구하고 있다. 초파리를 활용해 운동 뉴런 질환과 연관된 사람의 유전자도 연구한다. 하지만 내가 항상 이 자리에 있었던 것은 아니다. 나는 사회경제적 지위가 낮은 집안 출신이며 열세 살 때부터 줄곧 일을 했고 돈 걱정을 한다는 게 어떤 일인지 아주 잘 안다. 돈 걱정은 학교에서 공부를 열심히 하도록 나를 몰아간 힘이기도 했다. 그에 더해 괴롭힘당한 수년의 세월이 내 안에 불어넣은 오기도 끈질김의 원동력이 되어주었다. '너는 할 수 없어'라는 말을 들으면 할 수 있다는 걸 꼭 보여주고 싶어진다. 온갖 장벽에도 불구하고 말이다.

우리 가족 중 처음으로 대학에 간 나는 무엇을 어떻게 해야 하는지 전혀 몰랐다. 주변 사람에겐 모두 나름의 계획이 있는 것 같았지만, 나는 그저 어둠 속에서 더듬거리다가 뭔가 발에 걸려 넘어질 것 같으면 그제야 그게 다음으로 내디뎌야 할 걸음임을 알았다. 나는 과학을 좋아했지만 내가 과학자가 될 수도 있다는 건 몰랐다. 생물학에 관심이 있으면 의사가 되는 거라고 생각했다.

게다가 여자라는 이유로 과학을 계속 공부하라는 격려도 별로 받지 못했다. 심지어 과학 선생님에게서 "너는 시나 계속 쓰는 게 좋겠다"라는 말도 들었다. 하지만 이 모든 일이 나를 더욱 채찍질했다. 노동계급에 이민 2세대이자 여자인 내게는 집안 생활과 병원 야간 근무 아르바이트까지 더해져 집에서 공부를 한다는 게 몹시 어려웠다. 그러다가 고등학교 때 건강이 매우 나빠졌고 응급 수술까지 받은 후로 성적이 떨어져 의대 입학 자격을 얻지 못했다. 그렇게 내 세상은 무너졌다. 제대로 된 진로 안내도 받지 못한 채 나는 내게 온 첫 제안을 받아들였다. 서섹스 대학교의 의료 뇌과학과였다. 그렇게 나는 뇌과학의 세계로 굴러들어왔고, 뇌과학과 사랑에 빠졌다.

하지만 이 이야기가 '성공 스토리'로 마무리된 것은 아니다. 상황은 계속 어려웠다. 나는 생계를 위해 대학 시절 내내 일했다. 정신건강 문제로 힘들어하는 와중에 누차 의대 입학에 퇴짜를 맞으면서 내가 무엇을 해야 할지 확신이 서지 않았다. 그래서 석사과정 장학금을 제안받았을 때 그것을 받아들였다. 그리고 연구실에서 오랫동안 일하며 아르바이트까지 병행하다가 번아웃으로 나가떨어지는 경험을 처음으로 했다.

그래도 연구실에서 일하는 걸 정말 좋아했고, 어쨌든 흠잡을 데 없는 성적을 쌓아온 나는 박사과정에 지원했다. 하지만 지원한 모든 프로그램에서 떨어졌다. 내가 껍데기 같은 존재라는 지독한 자괴감에 시달렸다. 다시 지원할 엄두도 나지 않았다. 주택 임차 기간이 끝났고 나를 감싸고 있던 '대학이라는 비눗방울'도 터져버렸다. 내게는 수입이 필요했다.

나는 착용 기기 기술 회사에서 일을 시작했다. 내가 사무실에서 유일한 여자인 경우가 많았다. 거기서 나는 내 가치가 몹시 격하되고 능력이 한참 모자란다는 느낌을 받았다. 불안이 점점 악화되던 어느 시점엔가 나를 행복하게 해주는 일로 돌아가야 한다는 걸 깨달았다. 나는 연구 보조원 일자리를 얻었다. 다시 연구실에서 일하게 된 것이 정말 좋았다. 그제야 내가 박사과정을 간절히 원한다는 확신이 들었고 내 모든 에

너지를 마지막 한 방울까지 끌어모아 여러 곳에 지원서를 작성하고 면접을 봤고, 그러다 마침내 최고의 대학인 킹스 칼리지 런던에서 입학 제안을 받았다.

그러니까 내가 하고 싶은 말은, STEM 분야로 들어가는 경로에 잘못된 길은 없다는 것이다. 이 모든 경험을 통해 과소 대표된 집단의 사람이 직면하는 어려움에 관해 아주 잘 알게 된 나는 공동진행자로서 아카데미니스트The Academinist라는 STEM 분야의 불평등을 다루는 팟캐스트를 운영하고 있다. 또 고등교육으로 접근하는 방식을 개선하기 위해 노력하는 단체들과 협력하게 되었다. 이 모든 경험은 내 회복탄력성을 키워 주었다. 자신을 다시 일으켜 세우고 재도전할 수 있는 능력은 현재의 나를 있게 한 헤아릴 수 없이 귀중한 덕목이었고, 박사학위를 향해 나아가는 나에게 계속 힘이 되어줄 것이라 확신한다. 어려운 도전 과제를 해결하면서 얻는 성취감은 내가 내 일에서 가장 사랑하는 부분이다. 창의성을 발휘하고 배움을 멈추지 않으며 더 나은 인류 사회를 위해 끊임없이 노력해야 한다는 점도. 이것이 내가 과학자로 살아가는 이유다.

코로나19 팬데믹으로 여자들에게 가해지는 불평등의 정체가 낱낱이 폭로됐다. 직장 근무에 더해 여자들에게 떨어지

는 가정 내 돌봄 책임과 무급 가사 노동이라는 이차 근무 현상
이 그 한 예다. 사회운동가 알레산드라 미넬로^{Alessandra Minello}
는 2020년 영국에서 첫 봉쇄가 시작될 무렵 한 과학 출판물에
여성 교직원의 승진을 막는 '엄마의 벽^{maternal wall}'에 관한 글
을 썼다.[124] 그때부터 몇몇 의학 저널에 이른바 코로나19 효
과, 즉 여성 논문 저자의 비율이 평균보다 낮아진 현상을 분
석하는 글들이 실렸다.[125] 이 현상은 경력과 가족을 유지하는
복잡한 문제처럼, 코로나19 이전에도 존재했던 다른 과제들
과도 관련되어 있다. 이는 내 머릿속 한쪽에도 항상 자리하고
있는 문제다. 내 귀에는 늘 내 생물학적 시곗바늘이 돌아가는
소리가 쿵쿵 울린다. 가정을 꾸려도 내 미래에 거의 영향을
끼치지 않을 만한 직위에 도달하기 위해 시간과 경주를 벌이
고 있는 것만 같다. 물론 모든 여성이 아이를 원하거나 가질
수 있는 것은 아니지만, 아이를 갖는 것이 인생의 우선순위인
나 같은 사람에게는 항상 내 선택을 다른 사람들과 사회와 나
자신에게 합리화해야만 할 듯한 기분이 드는 건 참 지치는 일
이다. 나는 학계에서 임신한 여성이나 어머니를 향한 끔찍한
말들과 자잘한 공격을 목격해온 수많은 여성들과 이야기를
나누었다. 나는 또 하나의 큰 변화를 앞두고 있다. 내년에 결

혼할 예정인데, 성이 바뀌는 것이 지금껏 내가 그토록 힘들여 쌓아온 평판에 어떤 영향을 미치게 될지도 걱정스럽다. 이런 일들은 STEM 분야의 여성들이 겪는 추가적인 스트레스 중 몇 가지에 지나지 않는다.

또 다른 사안은 STEM 분야에서 일하는 여성을 바라보는 틀에 박힌 시각으로, 이는 '이런 게 과학자다This is what a scientist looks like'● 운동을 촉발한 생각이기도 하다. 흥미로운 점은 꼭 남자들만 이런 고정관념을 갖는 건 아니라는 점이다. 여자가 과학계에 어울리려면 '못생겨야' 하고 매사 어색한 과학 천재 라거나, 이를테면 시트콤《빅뱅 이론》의 에이미 파라 파울러 같은 사람이어야 한다는 흔한 통념이 있다. 그러니까 '여자들 은 과학계에서 일하고 싶어 해'라고 말하는 걸로는 충분치 않 다. 어떤 여성이든 과학에 잘 어울릴 수 있음을 실례로 보여 줘야 한다. 우리는 누구나 다양한 측면을 지닌 개인이고, 과학 자라는 것은 그다음이다. 이런 생각이 우리가 앞으로 나아갈 길이다. 그러고 나면, 아마 더 많은 젊은 여성이 자신이 이 직

● 　다양한 과학자의 실제 모습과 활동을 알림으로써 과학자에 대한 고 정관념(흰 실험복을 입은 백인 남자)을 깨려는 운동.

업에 '딱 맞는' 사람이라는 자기 정체성을 깨달을 것이다.

우리는 STEM 분야에 더 많은 다양성을 키워야 한다. '나는 될 수 있어 I Can Be ' 같은 자선 기관이 어린 여학생들을 위한 직업적 기회의 가시성을 높이기 위한 소중한 일들을 추진하고 있다. 이런 일로 개선할 수 있는 일은 단 하나, 바로 더 많은 여성이 더 높은 단계로 올라가는 것이다. 박사 단계와 그 너머까지도 도달하는 여성은 많지만, 아직 더 높은 지위까지 올라 갈 수 있는 여성은 매우 적은 것이 현실이기 때문이다. 이른바 '새는 파이프 leaky pipeline ' 문제라 불리는 이 현상은 이제 바뀌어야 한다. 높은 지위에 여성을 대표하는 롤모델이 없기 때문에 여자들은 사다리의 꼭대기에 도달할 가능성이 매우 낮다고 생각해왔다. 그리고 그렇게 미래 전망이 없는 상태로 과중한 업무 부담을 계속 버텨내는 건 매우 어려운 일이다.

소셜미디어 커뮤니티에서 만나는 STEM 분야의 여성들과 내가 함께 일하는 여성 과학자들은 내게는 정말 소중한 버팀목이다. 나에게 공식적인 여성 멘토는 없었지만, 저들에게서 도움을 얻을 수 있었다. 그래서 나는 틈이 날 때마다 가능한 한 많은 젊은 여성에게 멘토 역할을 해주려 노력한다. 나는 우리가 함께 서로를 끌어주고 지지해주는 것이 반드시 필요하다고 생각한다.

그렇다고 모든 일이 어둡고 비관적이기만 한 것은 아니다. 우리는 매일 주변에서 발전을 확인하고 있다. 비교적 최근인 2020년에는 에마뉘엘 샤르팡티에와 제니퍼 A. 다우드나 Jennifer A. Doudna가 "유전자 편집 방법을 개발한" 공로로 노벨 화학상을 받아 젊은 학생들과 여성 과학자들에게 영감을 불어넣었다.

끝나지 않을 것 같아 보이는 문제들을 바로잡을 유일한 방법은 모든 성별이 함께 앞으로 나아가는 것이다. 토론하고 교육하고 인식을 확산한다면 '우리 문제가 아니다'라는 태도도 사라질 것이다. 여성 단체에서만 추진해온 운동이나 노력이, 함께 나눠 지는 짐이 될 것이다. 더욱 시급한 것은 어린 여학생들에게 다가가 STEM 분야로 들어오도록 격려하고 적극적으로 멘토링하는 일에 더 많은 힘을 쏟는 일이다. 출판 논문 수처럼 과학자를 평가하는 현재의 척도들에 이런 활동을 추가한다면, 공정한 급여와 승진 적합성 등을 더 정확히 평가하도록 상황을 개선할 수 있을 것이다.

그러니 여전히 건재한 여러 도전과 불평등에도 불구하

고 나는 지속적으로 진보의 징후를 목격한다. STEM에서 자리 잡은 미래의 여성과, 이분법적 성별로 규정되지 않는 사람들의 미래를 낙관적으로 바라보게 된다. 그리고 나 역시 그중 한 사람으로서 그 시간을 앞당기기 위해 계속해서 크게 내 목소리를 낼 작정이다.

—조디 버나드

감사의 말

이 책의 내용이 더 좋아지도록 도와준 나의 친구들과 가족들에게 큰 감사를 보냅니다. 내 글이 뜨겁게 이글거리는 과학 쓰레기가 되어가며 내게 스트레스를 안기고 있을 때 '비공식 편집자' 역할을 맡아준 다이애나 카터와, 과학적 내용 중 일부를 편집해준 아이크 델라 페냐 박사에게 특별히 감사합니다. 전문 지식으로 도움을 준 케이트 린지도 정말 고맙습니다.

초기 원고를 읽고 내가 헛소리를 하고 있지 않음을 확인해준 매트 볼런드 박사, 토머스 가티, 파라 고슨, 시안 맥과이어 박사, 사가르 라투리 박사, 앤디 트랜터 그리고 소셜미디어 사용을 도와준 스테프 트랜터의 이름도 불러주고 싶습니다. 지난 여섯 달 동안 책 얘기밖에 안 하는 나의 수다를 참을성 있게 들어준 '쿠키 레이디' 새라 솔락(인스타그램: @cpmfcookiesandcrafts)과 마감을 앞둔 내 횡설수설을 들어준 어맨다 리모니어스에게도 감사의 말을 전해야겠네요. 물론 책을 쓰는 내내 나를 격려하며 도와준 멜리사 에스트라다에게도 감사합니다.

마지막으로 시간을 내어 내 책을 읽어주고 나와 함께 뇌과학 여행을 해준 독자 여러분, 고맙습니다. 여러분이 이 책을 재미있게 읽었기를 그리고 뇌의 경이로움과 뇌과학의 흥미진진함에 관해 새로운 무언가를 배웠기를 진심으로 바랍니다.

이 책을 쓰면서 여러분과 함께 뇌와 뇌과학의 세계를 여행한 일은 정말 멋진 경험이었습니다. 이제 부탁 하나만 해도 될까요? 온라인 서점에 서평을 써주시겠어요? 사람들이 내 책을 읽을지 말지를 판단하도록 도울 방법은 서평뿐입니다. 여러분의 서평은 매우 실질적인 방식으로 이후의 독자에게 도움이 될 겁니다. 여러분의 수고에 미리 깊은 감사를 드립니다.

이 책에서 읽은 내용에 관해 질문이 있다면, 이메일이나 웹사이트 또는 인스타그램 페이지를 통해 메시지를 보내주세요. 여러분의 이야기를 고대하고 있겠습니다. 제 웹사이트 www.aneurorevolution.com에는 여러분의 뇌과학 여정을 계속 이어갈 방법에 관해 유용한 정보도 많이 담겨 있으니 꼭 한 번 들러주세요.

인스타그램에서는 @theenglishscientist를 찾아주세요.

STEM을 하는 여성 이야기를 다룬 5장 내용이 마음에 들었다면 소셜미디어에서 조디 버나드 @notbrainscience 를 팔로우하거나 그의 팟캐스트 https://theacademinist.buzzsprout.com/ 도 들을 수 있답니다.

이 책을 읽고 지지해주셔서 다시 한 번 감사드립니다.

용어 설명

가바 억제성 신경전달물질, 감마아미노뷰티르산.

가소성/가소적 변화 뇌 기능 변화를 초래하는 뇌 구조의 변화.

가지돌기 뉴런에서 뻗어나간 가지 모양의 돌기.

꼬리핵 뇌의 중앙 가까이 있으며, 동작, 계획, 기억, 중독, 감정 등에 관
여한다.

뇌전도 비침습적으로 측정하는 뇌파.

뇌-컴퓨터 인터페이스 뇌 기능을 가능하게 하거나 증강하기 위한 뇌와
컴퓨터 기기 사이의 커뮤니케이션.

뉴런 뇌 신호를 전달하는 유형의 세포.

렘수면(급속안구운동수면) 자는 동안 눈이 빠르게 움직이는 수면 단계.

방추이랑 얼굴과 표정을 인지하는 일에서 큰 역할을 담당하는 부분.

변연계 편도체, 해마, 시상하부, 피개, 안와전두피질, 전방대상피질 등
을 포함하며 행동과 감정에 영향을 미치는 구조물들의 집합.

별세포 신경교세포의 한 아형인 이 별 모양 세포는 뉴런 사이 시냅스
들을 관리하는 것을 비롯하여 복잡한 기능들을 수행한다.

복외측시각교차전핵   주로 억제성 뉴런 시스템을 통해 수면 통제에 중
  요한 역할을 한다.

복측피개영역   중뇌에 위치한 다수 물로 도파민 뉴런을 뻗어 동작, 동기,
  보상 경로에 깊이 관여한다.

비렘수면   수면 중 렘수면이 아닌 단계.

비서술 기억   걷는 법이나 자전거 타는 법을 기억하는 것처럼 의식적
  인지 없이 사용되는 장기 기억의 한 유형.

생체표지자(바이오마커)   생물학적 과정을 나타내는 지표로 사용되는 것.
  질병 진행을 이해하기 위해 측정하는 어떤 단백질을 한 예로 들 수
  있다.

서술 기억   우리가 의식적으로 인지하고 있는 사실과 사건 들에 대한
  장기 기억의 한 유형.

수용체   세포 표면에 위치하며 신호를 받고 그 신호를 세포 안으로 보
  낼 메시지로 전환하는 단백질 구조물.

시교차 상핵   시상하부 안에 자리하고 하루 주기 리듬의 페이스메이커
  역할을 한다.

시냅스   뉴런들 사이의 틈새로 여기서 신경전달물질이 분비된다.

시상   뇌간 바로 위에 있는 작은 영역으로 뇌로 들어가는 메시지의 중
  계 센터 역할을 한다.

시상밑핵   시상 아래에 위치한 소수의 뉴런들로, 동작에 기여하지만
  의사결정과 기억에도 관여하는 것 같다.

시상하부   신경계의 통제센터로 체온 등을 조절한다.

시상하부-뇌하수체-부신 축   서로 연결되어 호르몬과 뇌 반응을 통해 스트레스를 조절하는 영역들을 묶어서 부르는 이름.

신경교세포   뉴런을 뒷받침하는 세포들로, 별세포, 희소돌기교세포, 미세신경교세포, 뇌실막세포 등이 있다.

신경전달물질   뉴런들 사이에서 화학적 메시지를 전달하는 물질.

신경퇴행   뉴런 등 신경계의 일부가 그 기능과 구조를 상실하여 더 이상 제대로 작동하지 않는 상태.

신피질   가장 나중에 형성된 뇌의 부위로, 의사결정, 언어 등에 관여한다.

아밀로이드 베타 펩타이드   알츠하이머병과 관련된 아밀로이드 플라크의 일부. 펩타이드란 단백질을 구성하는 아미노산들의 짧은 사슬이다.

연결   뉴런이 다른 뉴런들과 함께 커뮤니케이션 네트워크를 형성하는 연결.

오가노이드(장기 유사체)   실험실에서 연구 목적으로 세포를 배양하여 만든 단순화된 버전의 기관.

이랑   더 많은 뉴런이 자리하도록 표면적을 늘리기 위해 뇌 표면으로 둥글게 접혀 올라온 부분.

이온 통로   세포의 표면에 있으면서, 이온들이 세포의 안팎으로 이동할 수 있게 하는 통로(단백질).

인공지능   프로그램된 기계가 인간의 지능을 흉내 내어 사고하는 것.

하루 주기 리듬   24시간을 주기로 일어나는 신체의 생물학적 활동.

자각몽　꿈을 꾸는 사람이 자신이 꿈을 꾸고 있음을 인식하며 꾸는 꿈.

장기 강화　기억을 촉진하기 위해 뉴런과 뉴런들의 연결 효율을 높이는 과정.

장기 억압　주로 운동 동작을 위해 뉴런의 효율을 떨어뜨려 망각을 초래하는 과정.

전극　전기활동을 기록하는 작은 장치.

전방 시상하부 시각전구역　시상하부의 한 영역으로 온도를 조절한다.

전방대상피질　대상피질의 전방에 위치한 영역으로 감정이입, 의사결정 그리고 기타 다양한 뇌 기능들에 대한 집행 조절을 담당하는 부분.

전압 개폐 나트륨 통로　나트륨 이온을 통과시키는 것을 선호하는 이온 통로.

전전두피질　뇌의 앞부분에 자리한 영역으로 예측, 계획 등의 고차적 집행기능 및 뇌의 전반적인 여러 행동에 관여한다.

줄기세포　몸속 어떤 유형의 세포로도 분화할 수 있는, 특수한 종류의 '새' 세포.

청반　신경전달물질 노르아드레날린을 생산하며 주의력 수준 등 여러 가지에 관여한다.

측좌핵　동작과 중독에 관여하며 도파민 신호를 보내는 영역.

치아이랑　기억들을 조정하는 일에 관여하는 해마 내부의 구조물.

크리스퍼　유전자 편집 기술로 '주기적 간격으로 분포하는 짧은 회문 구조 반복서열'의 줄임말.

크립토크롬　빛에 민감하며 자기장 감지에 관여하는 단백질.

통각수용기　통증을 전달하는 수용체를 포함하고 있는 뉴런.

편도체　측두엽에 있으며 행동과 감정 중추인 변연계에서 필수적인 역할을 하는 부분.

피질　뇌의 바깥층으로 뇌를 볼 때 우리 눈에 보이는 부분.

해마　측두엽 안에서 해마처럼 생긴 띠 모양을 한 부분으로 학습과 기억 형성에서 결정적인 역할을 한다.

흑질　중뇌에 위치하며, 파킨슨병과 보상 회로에서 중요한 도파민 뉴런과 멜라닌 뉴런을 포함하고 있는 영역.

AMPA　기억과 학습을 처리할 때 글루타메이트와 결합하는 것으로 가장 널리 알려진 수용체. a-아미노-3-히드록시-5-메틸-4-이속사졸프로피온산.

DNA　세포의 생명에 대한 안내서로, 몸속 모든 세포의 핵 속에 저장되어 있다.

MRI　몸과 뇌를 보기 위한 영상술, 자기공명영상.

NMDA　흥분성 신경전달물질, N-메틸-D-아스파르트산.

참고문헌

1장

우리 뇌에서 가장 오래된 영역은 무엇이며, 무슨 일을 하는가?

1　MacLean, P. (1990). *The triune brain in evolution: Role in paleo-cerebral functions*. Plenum, New York.

대마초는 뇌에 어떤 작용을 하는가?

2　Malone, et al. (2010). Adolescent cannabis use and psychosis: epidemiology and neurodevelopmental model. *Br J Pharm*; 160 (3).

3　Colizzi, et al. (2015). Interaction between functional genetic variation of DRD2 and cannabis use on risk of psychosis. *Schiz Bull*; 41 (5).

4　Eldreth, et al. (2004). Abnormal brain activity in prefrontal brain regions in abstinent marijuana users. *Neuroimage*; 23 (3).

5　de Souza Crippa, et al. (2004). Effect of cannabidiol (CBD) on regional cerebral blood flow. *Neuropsychopharm*; 29 (2).

6　Masataka (2019). Anxiolytic effects of repeated cannabidiol treatment in teenagers with social anxiety disorders. *Front Psychol*; 10.

7 Skelley, et al. (2003). Use of cannabidiol in anxiety and anxiety-related disorders. *J AM Pharm Assoc*; 60 (1).

왜 어떤 사람과는 처음부터 죽이 잘 맞고 금세 친해질까?

8 Tseng, et al. (2018). Interbrain cortical synchronization encodes multiple aspects of social interactions in monkey pairs. *Scientific Reports*; 8 (4699).

9 Lee, et al. (2015). Emergence of the default-mode network from restingstate to activation-state in reciprocal social interaction via eye contact. *Annu Int Conf IEEE Eng Med Biol Soc*; 2015.

10 di Pellegrino, et al. (1992). Understanding motor events: a neurophysiological study. *Exp Brain Res*; 91 (1).

11 Molenberghs, et al. (2012). Brain regions with mirror properties: a metaanalysis of 125 human fMRI studies. *Neurosci Biobehav Rev*; 36 (1).

12 Khalil, et al. (2018). Social decision making in autism: On the impact of mirror neurons, motor control, and imitative behaviors. *CNS Neurosci Ther*; 24 (8).

새로운 언어를 배우는 것이 뇌 기능과 기억에 어떤 영향을 줄까?

13 Javor (2016). Bilingualism, theory of mind and perspective-taking: the effect of early bilingual exposure. *Psychol & Behav Sci*; 5 (6).

14 Craik, et al. (2010). Delaying the onset of Alzheimer's disease -bilingualism as a form of cognitive reserve. *Neurology*; 75 (19).

15 Alladi, et al. (2016). Impact of Bilingualism on Cognitive Outcome After Stroke. *Stroke*; 47 (1).

왜 중독되는가?

16 Volkow, et al. (2011). Reward, dopamine and the control of food intake implications for obesity. *Trends Cogn Sci*; 15 (1).

17 Schultz, (1998). Predictive reward signal of dopamine neurons. *J Neurophsy*; 80 (1).

18 Elliot, et al. (2003). Differential response patterns in the striatum and orbitofrontal cortex to financial reward in humans: a parametric functional magnetic resonance imaging study. *J Neurosci*; 23 (1).

19 Ducci & Goldman (2012). The genetic basis of addictive disorders. *Psych Clin North Am*; 35 (2).

머리를 맞으면 정말로 기억을 잃을까?

20 Vakil (2005). The effect of moderate to severe traumatic brain injury (TBI) on different aspects of memory: a selective review. *J Clin Exp Neuropsychol*; 27.

21 Rigon, et al. (2019). Procedural memory following moderate-severe traumatic brain injury: group performance and individual differences on the rotary pursuit task. *Front Human Neurosci*; 13 (251).

잠은 무엇이며, 왜 잠을 자는가?

22 Hoevenaar-Blom, et al. (2011). Sleep duration and sleep quality in relation to 12-year cardiovascular disease incidence: the MORGEN study. *Sleep*; 34.

23 Musiek & Holtzman (2016). Mechanisms linking circadian clocks, sleep, and neurodegeneration. *Science*; 354 (6315).

24 Carlson & Chiu (2008). The absence of circadian cues during recovery 211from sepsis modifies pituitary-adrenocortical function and impairs survival. *Shock*; 29.

25 Mainieri, et al. (2020). Are sleep paralysis and false awakenings different from REM sleep and from lucid REM sleep? A spectral EEG analysis. *J Clin Sleep Med*; epub 2020.

꿈이란 또 무엇이며, 왜 꾸는 걸까?

26 Hajek & Belcher (1991). Dream of absent-minded transgression: an empirical study of a cognitive withdrawal symptom. *J Abnorm Psychol*; 100 (4).

27 Wamsley & Stickgold (2011). Memory, sleep and dreaming: experiencing consolidation. *Sleep Med Clin*; 6 (1).

28 Stickgold, et al. (2000). Replaying the game: hypnagogic images in normal and amnesics. *Science*; 290.

29 Paulson, et al. (2017). Dreaming: a gateway to the unconscious? *Annals of the New York Academy of Sciences*; 1406.

30 Nielsen & Stentstrom (2005). What are the memory sources of dreaming? *Nature*; 437 (7063).

31 Levin & Nielsen (2007) Disturbed dreaming posttraumatic stress disorder, and affect distress: A review and neurocognitive model. *Psychol Bull*; 133 (3).

32 Baird, et al. (2019). The cognitive neuroscience of lucid dreaming. *Neurosci Biobehav Rev*; 100.

33 Spoormaker & van den Bout (2006). Lucid dreaming treatment for nightmares: a pilot study. *Psychotherapy & Psychosomatics*; 75 (6).

34 Baird, et al. (2018). Frequent lucid dreaming associated with increased functional connectivity between frontopolar cortex and

temporoparietal association areas. *Scientific Reports*; 8.

35 LaBerge, et al. (2018) Pre-sleep treatment with galantamine stimulates lucid dreaming: a double-blind, placebo-controlled, crossover study. *PLoS ONE*; 13.

36 Konkoly, et al. (2021). Real-time dialogue between experimenters and dreamers during REM sleep. *Current Biology*; 31.

뇌세포는 재생될까?

37 Moreno-Jiménez, et al. (2019). Adult hippocampal neurogenesis is abundant in neurologically healthy subjects and drops sharply in patients with Alzheimer's disease. *Nature Medicine*; 25.

38 Gunnar, et al. (2020). Injured adult neurons regress to an embryonic transcriptional growth state. *Nature*; 581 (7806).

39 Reimer, et al. (2008). Motor Neuron Regeneration in Adult Zebrafish. *J Neuroscience*; 28 (34).

기억은 어떻게 뇌에 새겨질까?

40 Wixted, et al. (2014). Sparse and distributed coding of episodic memory in neurons of the human hippocampus. *PNAS*; 111 (26).

41 Müller, et al. (2017). Hippocampal-caudate nucleus interactions support exceptional memory performance. *Brain Struct Funct*; 223.

천재의 뇌는 뭔가 다를까?

42 Goriounova, et al. (2018). Large and fast human pyramidal neurons associate with intelligence. *Elife*; 7.

43 Pietschnig, et al. (2015). Meta-analysis of association between human brain volume and intelligence differences: How strong are they and what do they mean? *Neuroscience and Behavioural Reviews*; 57.

44 Hilger, et al. (2017). Intelligence is associated with the modular structure of intrinsic brain networks. *Scientific Reports*; 7.

45 Catani & Mazzarello. (2019). Leonardo da Vinci: a genius driven to distraction. *Brain*; 142 (6).

뇌는 정말 멀티태스킹을 할 수 있을까?

46 Madore & Wagner (2019). Multicosts of multitasking. *Cerebrum*; 1.

47 Clapp, et al. (2011). Deficit in switching between functional brain networks underlies the impact of multitasking on working memory in older adults. *PNAS*; 108 (9170).

우울증은 무엇이며, 뇌에 어떤 변화를 일으키는가?

48 Hasin, et al. (2018). Epidemiology of adult DSM-5 major depressive disorder and Its specifiers in the United States. *JAMA Psychiatry*; 75 (4).

49 Davis, et al. (2020). Effects of psilocybin-assisted therapy on major depressive disorder. *JAMA Psychiatry*; epub 2020.

50 Stockmeier, et al. (2004). Cellular changes in the postmortem hippocampus in major depression. *Biol Psychiatry*; 56 (9).

51 Ménard, et al. (2016). Pathogenesis of depression: insights from human and rodent studies. *Neuroscience*; 321.

52 Fang, et al. (2020). Chronic unpredictable stress induces depression related behaviors by suppressing AgRP neuron activity. *Mol Psychiatry*; 1.

53 Lutz, et al. (2017). Association of a history of child abuse with impaired myelination in the anterior cingulate cortex: convergent epigenetic, transcriptional, and morphological evidence. *Am J Psychiatry*; 174 (12).

54 Sarris, et al. (2014). Lifestyle medication for depression. *BMC Psychiatry*; 14 (107).

55 Gujral, et al. (2017). Exercise effects on depression: possible neural mechanisms. *Gen Hosp Psychiatry*; 49.

56 Nokia, et al. (2016). Physical exercise increases adult hippocampal neurogenesis in male rats provided it is aerobic and sustained. *J Phys*; 594 (7).

57 Ambrosi, et al. (2019). Randomized controlled study on the effectiveness of animal-assisted therapy on depression, anxiety, and illness perception in institutionalized elderly. *Psychogeriatrics*; 19 (1).

명상 중 뇌에서는 무슨 일이 일어날까?

58 Vasudev, et al. (2016). A training programme involving automatic self-transcending meditation in late-life depression: preliminary analysis of an ongoing randomised controlled trial. *B J Psych Open*; 2 (2).

59 Kuyken, et al. (2015). Effectiveness and cost-effectiveness of mindfulness-based cognitive therapy compared with maintenance antidepressant treatment in the prevention of depressive relapse or recurrence (PREVENT): a randomised controlled trial. *Lancet*; 386 (9988).

60 Goyal, et al. (2014). Meditation programs for psychological stress and well-being: a systematic review and meta-analysis. *JAMA Intern Med*; 174 (3).

61 Wielgosz, et al. (2019). Mindfulness meditation and psychopathology. *Ann Rev Clin Psychol*; 15.

62 Schlosser, et al. (2019). Unpleasant meditation-related experiences in regular meditators: prevalence, predictors, and conceptual considerations. *PLOS One*; 14 (5).

남자의 뇌와 여자의 뇌는 서로 다를까?

63 Ingalhalikar, et al. (2014). Sex differences in the structural connectome of the human brain. *PNAS*; 111 (2).

64 Zhang, et al. (2020). Gender differences are encoded differently in the structure and function of human brain revealed by multimodal MRI. *Front Human Neuro*; 14 (244).

65 Caplan, et al. (2017). Do microglia play a role in sex differences in TBI? *J Neuro Research*; 95.

66 Lotze, et al. (2019). Novel findings from 2,838 adult brains on sex differences in gray matter brain volume. *Scientific Reports*; 9 (1671).

67 Liutsko, et al. (2020). Fine motor precision tasks: sex differences in performance with and without visual guidance across different age groups. *Behav Sci*; 10 (1).

68 Nieuwenhuis, et al. (2017). Multi-center MRI prediction models: predicting sex and illness course in first episode psychosis patients. *Neuroimage*; 145 (pt2).

69 Sommer, et al. (2008). Sex differences in handedness, asymmetry on the planum temporale and functional language lateralization.

Brain Research; 1206.

70 McDaniel (2005). Big-brained people are smarter: a meta-analysis of the relationship between in vivo brain volume and intelligence. *Intelligence*; 33 (4).

71 Pietschnig, et al. (2015). Meta-analysis of associations between human brain volume and intelligence differences: How strong are they and what do they mean? *Neurosci & Behav Rev*; 57.

의식이란 무엇인가?

72 Hudetz, et al. (2015). Dynamic repertoire of intrinsic brain states is reduced in propofol-induced unconsciousness. *Brain Connect*; 5 (1).

73 Libet, et al. (1983). Time of conscious intention to act in relation to onset of cerebral activity (readiness-potential). The unconscious initiation of a freely voluntary act. *Brain*; 106 (pt 3).

74 Matsuhashi & Hallet. (2008). The timing of conscious intention to move. *Eur J Neuro*; 28 (11).

2장

75 Enoch & Trethowan (1991). *Uncommon psychiatric syndromes*. (3rd ed), Oxford, Boston; Butterworht-Heinemann.

76 Hirstein & Ramachandran (1997). Capgras syndrome: a novel probe for understanding the neural representation of the identity and familiarity of persons. *Proc Biol Sci*; 264 (1380).

77 Caputo (2010). Strange-face-in-the-mirror-illusion. *Perception*; 39.

78 Caputo (2015). Dissociation and hallucinations in dyads engaged through interpersonal gazing. *Psychiatry Research*; 228.

79 Grossi, et al. (2014). Structural connectivity in a single case of progressive prosopagnosia: the role of the right inferior longitudinal fasciculus. *Cortex*; 56.

80 Petrone, et al. (2020). Preservation of neurons in an AD 79 vitrified human brain. *PLoS ONE*; 15 (10).

81 Hames, et al. (2012). An urge to jump affirms the urge to live: an empirical examination of the high places phenomenon. *Journal of Affective Disorders*; 136.

82 Wang, et al. (2019). Transduction of the geomagnetic field as evidence from alpha-band activity in the human brain. *eNeuro*; 6 (2).

83 Weiskrantz, et al. (1974). Visual capacity in the hemianopic field following a restricted occipital ablation. *Brain*; 97 (4).

84 Ajina, et al. (2020). The superior colliculus and amygdala support evaluation of face trait in blindsight. *Front Neurol*; 11 (769).

85 Linda Rodriguez McRobbie (2017). Total recall: the people who never forget. The Guardian Newspaper; 8 February. https://www.theguardian.com/science/2017/feb/08/total-recall-the-people-who-never-forget.

86 Santangelo, et al. (2018). Enhanced brain activity associated with memory access in highly superior autobiographical memory. *PNAS*; 115 (30).

3장

87 Ian Sample (2012). The Guardian Newspaper. Harvard University says it can't afford journal publishers' prices. 24 April. https://www.theguardian.com/science/2012/apr/24/harvard-university-

journal-publishers-prices.

88   Anna Fazackerley (2021). The Guardian Newspaper. Price gouging from Covid: student ebooks costing up to 500% more than in print. 29 January. https://www.theguardian.com/education/2021/jan/29/price-gouging-from-covid-student-ebooks-costing-up-to-500-more-than-in-print.

89   de Vries, et al (2019). A large-scale standardized physiological survey reveals functional organization of the mouse visual cortex. *Nature Neuroscience*; 23.

90   Wu, et al. (2020). Kilohertz two-photon fluorescence microscopy imaging of neural activity in vivo. *Nature Methods*; 17 (3).

91   Weisenburger, et al. (2019). Volumetric Ca2+ imaging in the mouse brain using hybrid multiplexed sculpted light microscopy. *Cell*; 177 (4).

92   Gao, et al. (2019). Cortical column and whole-brain imaging with molecular contrast and nanoscale resolution. *Science*; 363 (6424).

93   Antonio Regalado (2018). https://www.technologyreview.com/2018/03/13/144721/a-startup-is-pitching-a-mind-uploading-service-that-is-100-percent-fatal/.

94   White, et al (1971). Primate cephalic transplantation: neurogenicseparation, vascular association. *Transpl Proc*; 3.

95   Oxley, et al. (2020). Motor neuroprosthesis implanted with neurointerventional surgery improves capacity for activities of daily living tasks in severe paralysis: first in-human experience. *J Neurointervent Surg*.

96   Kangassalo, et al. (2020). Neuroadaptive modelling for generating images matching perceptual categories. *Scientific Reports*; 10.

97 Jiang, et al. (2019). BrainNet: A multi-person brain-to-brain interface for direct collaboration between brains. *Scientific Reports*; 9 (6115).

98 Chiaradia & Lancaster (2020). Brain organoids for the study of human neurobiology at the interface of in vitro and in vivo. *Nature Neuroscience*; 23.

99 Kim, et al. (2015). A 3D human neural cell culture system for modelling Alzheimer's disease. *Nat Protoc*; 10 (7).

100 Cairns, et al (2020). A 3D human brain-like tissue model of herpes-induced Alzheimer's disease. *Science Advances*; 6.

101 Todhunter, et al. (2015). Programmed synthesis of three-dimensional tissues. *Nature Methods*; 12 (10).

102 Food and Drug Administration November 6, 2020. https://www.fda.gov/advisory-committees/advisory-committee-calendar/november-6-2020-meeting-peripheral-and-central-nervous-system-drugs-advisory-committee-meeting.

103 Jinek, et al. (2012). A programmable dual-RNA-guided dna endonuclease in adaptive bacterial immunity. *Science*; 337.

104 Barrangou, et al. (2016). Applications of CRISPR technologies in research and beyond. *Nat Biotechnol*; 34.

105 Sanders, et al (2014). LRRK2 mutations cause mitochondrial dna damage in ipsc-derived neural cells from parkinson's disease patients: reversal by gene correction. *Neurobiol Dis*; 62.

106 Jonsson, et al. (2012). A Mutation in APP protects against Alzheimer's disease and age-related cognitive decline. *Nature*; 488.

107 Firth, et al. (2015). Functional gene correction for cystic fibrosis in lung epithelial cells generated from patient iPSCs. *Cell Rep*; 12 (9).

108 Osborn, et al. Fanconi anemia gene editing by the CRISPR/Cas9 system. *Human Gene Therapy*; 26.

109 Fan, et al. (2018). The role of gene editing in neurodegenerative disease. *Cell Transplant*; 27 (3).

110 Sermer & Brentjens (2019). CAR T-cell therapy: full speed ahead. *Hematol Oncol*; 37 (supp 1).

111 Ma, et al. (2017). Corrections of a pathogenic gene mutation in human embryos. *Nature*; 548.

112 Ewen Callaway (2018). Did CRISPR really fix a genetic mutation in these human embryos? 08 Aug. Nature. https://www.nature.com/articles/d41586-018-05915-2.

113 Allen, et al. (2018). Predicting the mutations generated by repair of Cas9-induced double-strand breaks. *Nature Biotechnology*; 37.

114 Campa, et al (2019). Multiplexed genome engineering by Cas12a and CRISPR arrays encoded on single transcripts. *Nature Methods*; 16.

115 Basil Leaf Technologies. December 21 2020. www.basilleaftech.com/dxter.

116 Pais-Vieira, et al. (2013). A Brain-to-brain interface for real-time sharing of sensorimotor information. *Scientific Reports*; 3 (1319).

117 Onestack, (1997). The effect of visual-motor behavior rehearsal (VMBR) and videotaped modelling on the free-throw performance of intercollegiate athletes. *Journal of Sport Behavior*; 1.

118 Ranganathan, et al. (2004). From mental power to muscle power-gaining strength by using the mind. *Neuropsychologia*; 42.

119 Hampson, et al. (2018). Developing a hippocampal neural prosthetic to facilitate human memory encoding and recall. *J Neural*

Eng; 15 (3).

4장

120 U.S. Department of Education. Nov 2019. https://www.ed.gov/
news/press-releases/us-department-education-advances-
trump-administrations-stem-investment-priorities.

121 Med Reps. 2019. 2019 9th annual medical sales salary report.
https://www.medreps.com/medical-sales-careers/2019-medical-
sales-salary-report.

122 Office for national statistics. (2020). Research and development
expenditure by the UK government. https://www.ons.gov.uk/
economy/governmentpublicsectorandtaxes/researchanddevelop
mentexpenditure/bulletins/ukgovernmentexpenditureonsciencee
ngineeringandtechnology/2018.

123 Wouters, et al. (2020). Estimated research and development
investment needed to bring a new medicine to market, 2009-
2018. *JAMA*; 323 (9).

5장

124 Minello. (2020). The pandemic and the female academic. *Nature*;
17.

125 Viglione. (2020). Are women publishing less during the pandemic?
Here's what the data say. *Nature*; 581 (7809).

옮긴이 정지인

번역하는 사람. 《물고기는 존재하지 않는다》, 《우울할 땐 뇌과학》, 《욕구들》, 《당신에게 무슨 일이 있었나요》, 《불행은 어떻게 질병으로 이어지는가》, 《내 아들은 조현병입니다》 등을 번역했다.

뇌는 왜 다른 곳이 아닌 머릿속에 있을까

초판 1쇄 펴낸날 2022년 12월 5일

지은이 마이크 트랜터
옮긴이 정지인

펴낸이 이은정
마케팅 정재연
제작 제이오

디자인 피포엘
교정교열 백도라지
조판 김경진

펴낸곳 도서출판 아몬드
출판등록 2021년 2월 23일 제 2021-000045호
주소 (우 10364) 경기도 고양시 일산동구 호수로 672, 305호
전화 031-922-2103 팩스 031-5176-0311
전자우편 almondbook@naver.com
페이스북 /almondbook2021 인스타그램 @almondbook

ISBN 979-11-92465-02-9 (03400)

○ 잘못 만들어진 책은 구입하신 서점에서 바꾸어 드립니다.
○ 책값은 뒤표지에 있습니다.